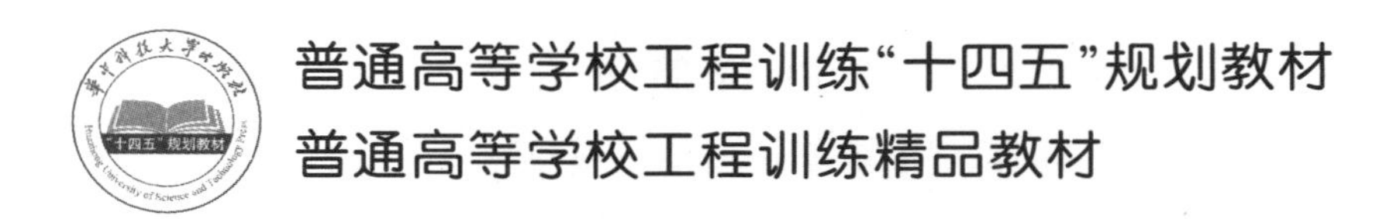

普通高等学校工程训练“十四五”规划教材

普通高等学校工程训练精品教材

工程训练——特种加工分册

主　编　马　晋　陈　文

副主编　应之歌　李红丽

华中科技大学出版社

中国·武汉

内 容 简 介

为积极推进新工科建设及工程训练实践教学改革，湖北高校教师联合编写“工程训练”系列教材。本书为系列教材之特种加工分册，适用于高等院校工程训练特种加工实训。

本书共分为五章：第 1 章为概述，介绍特种加工基础知识；第 2 章为数控电火花线切割加工，介绍电火花线切割加工原理、电火花线切割机床结构等；第 3 章为电火花加工，介绍电火花加工原理、特点等；第 4 章为激光加工，介绍激光加工的原理、激光加工案例等；第 5 章为超声加工，介绍超声加工的原理、特点及工艺应用。

图书在版编目(CIP)数据

工程训练. 特种加工分册 / 马晋，陈文主编. -- 武汉 ：华中科技大学出版社，2024. 7.
ISBN 978-7-5772-1033-9

Ⅰ. TH16

中国国家版本馆 CIP 数据核字第 2024MJ0872 号

工程训练——特种加工分册 马 晋 陈 文 主编

Gongcheng Xunlian——Tezhong Jiagong Fence

策划编辑：余伯仲
责任编辑：杜筱娜
封面设计：廖亚萍
责任校对：刘 竣
责任监印：朱 玢
出版发行：华中科技大学出版社(中国·武汉) 电话：(027)81321913
武汉市东湖新技术开发区华工科技园 邮编：430223
录 排：武汉三月禾文化传播有限公司
印 刷：武汉市洪林印务有限公司
开 本：710mm×1000mm 1/16
印 张：3.75
字 数：62 千字
版 次：2024 年 7 月第 1 版第 1 次印刷
定 价：19.80 元

普通高等学校工程训练“十四五”规划教材
普通高等学校工程训练精品教材

编写委员会

前　言

机械制造工程实训课程是为高等院校学生设计的，旨在帮助他们了解机械制造生产过程的概念、学习机械制造基本工艺的方法，培养他们的工程意识，提高他们的工程实践能力。该课程对学生学习后续专业课程以及将来的实际工作具有深远影响。

特种加工是直接利用各种能量，如电能、光能、化学能、声能、热能及特殊机械能等能量进行加工的方法，与传统机械加工方法相比，具有许多独到之处：加工范围不受材料力学性能的限制，能加工任何硬的、软的、脆的、耐热或高熔点金属以及非金属材料；易于加工复杂型面、微细表面以及柔性零件；易获得良好的表面质量，热应力、残余应力、冷作硬化、热影响区等均比较小，便于推广应用。

在编写本书的过程中，编者围绕特种加工的基本知识、技能、安全操作规程要求，为学生提供实用的教学内容，配备相应的教学实例，以期本书内容具有综合性、实践性和科学性的特点。

本书由武汉理工大学工程训练中心马晋、陈文担任主编，湖北工业大学现代工程训练与创新中心应之歌、湖北工程学院机械工程学院李红丽担任副主编。本书的编写得到了各参编院校领导和老师的大力支持，在此表示衷心的感谢。

由于编者水平有限，书中难免有不妥和错误之处，恳请读者批评指正。

编　者

2024 年 3 月

目　　录

第1章 概　述

21世纪以来，制造技术，特别是先进制造技术不断发展，作为先进制造技术的重要组成部分，特种加工在制造业中的地位越来越重要。特种加工解决了传统加工方法所遇到的问题，有着显著的特点，已经成为现代工业不可或缺的重要加工方法和手段。

1.1 什么是特种加工

特种加工是20世纪40年代发展起来的。随着材料科学、高新技术的发展和市场竞争的加剧，以及对尖端国防科技和科学研究的迫切需求，新产品的更新换代速度日益加快，而且产品还需要满足高强度质量比和高性能价格比的要求，使产品朝着高速度、高精度、高可靠性、耐腐蚀、耐高温高压、大功率、尺寸大小两极分化的方向发展。在这种情况下，各种新材料、新结构、形状复杂的精密机械零件大量涌现，给机械制造业带来了一系列迫切需要解决的新问题。人们一方面通过研究高效的加工刀具和刀具材料、自动优化切削参数、提高刀具可靠性、开发在线刀具监控系统、开发新型切削液、研制新型自动机床等途径，进一步改善切削状态，提高切削加工水平，并且解决一些问题，另一方面不断地寻求新的加工方法。通过不断的探索，一种本质上区别于传统加工的特种加工应运而生，并不断获得发展。后来，由于新颖制造技术的进一步发展，人们就从广义上来定义特种加工，即将电能、光能、化学能、声能等能量或其组合施加在工件的被加工部位上，从而实现材料被去除、变形、性能改变等目的。这种非传统加工方法统称为特种加工。

1.2　特种加工的特点

特种加工具有以下特点。

(1) 不用机械能，与加工对象的力学性能无关。有些加工方法利用热能、化学能、电化学能等，如激光加工、电火花加工、等离子弧加工、电化学加工等。这些加工方法与工件的硬度、强度等力学性能无关，故可加工各种硬、软、脆、热敏、耐腐蚀、高熔点、高强度、具有特殊性能的金属和非金属材料。

(2) 非接触加工：不一定需要工具，有的虽使用工具，但与工件不接触。因此，工件不承受大的作用力，工具硬度可低于工件硬度，故使刚性极低元件及弹性元件得以加工。

(3) 微细加工，工件表面质量高。超声加工、电化学加工、水喷射加工、磨料流加工等特种加工都是通过微细加工实现的，故特种加工技术不仅可用于加工尺寸微小的孔或狭缝，还能获得高精度、极低粗糙度的加工表面。

(4) 加工中不存在机械应变或大面积的热应变。可获得较低的表面粗糙度，热应力、残余应力、冷作硬化等均比较小，尺寸稳定性好。

特种加工已经成为当前机械制造领域不可或缺的加工方法，为新产品设计与开发提供了许多加工手段，为新材料的研制提供了应用基础。

第 2 章 数控电火花线切割加工

数控电火花线切割机床的工作原理是利用线状电极（钼丝或铜丝）与工件之间产生的电弧（电火花）的高温将工件的金属材料烧蚀，从而对工件进行切割。电火花线切割，简称线切割。该加工方法来源于苏联，据说是苏联的工程师在研发开关的过程中，发现闸刀在开合瞬间会产生强烈的电弧烧蚀闸刀的铜片，从中得到了利用电弧切割工件的灵感。控制系统是数控电火花线切割机床的重要组成部分，控制系统需要保证放电电压、电流峰值、放电频率的稳定、可靠，保障机床运动的控制精度。

2.1 数控线切割机床的组成

数控线切割机床的外形如图 2-1 所示，其由机床主机、脉冲电源和数控装置三大部分组成。

（1）机床主机：由运丝机构、工作台、床身、工作液系统等组成。

（2）脉冲电源：又称高频电源，其作用是把普通的 50 Hz 交流电转换成高频率的单向脉冲电压。加工时，钼丝接脉冲电源负极，工件接正极。

（3）数控装置：以计算机为核心，配备其他的硬件及控制软件。加工程序可用键盘输入或磁盘输入。通过它可实现放大、缩小等多种功能的加工，其控制精度为±0.001 mm，加工精度为±0.001 mm。

线切割机床的组成

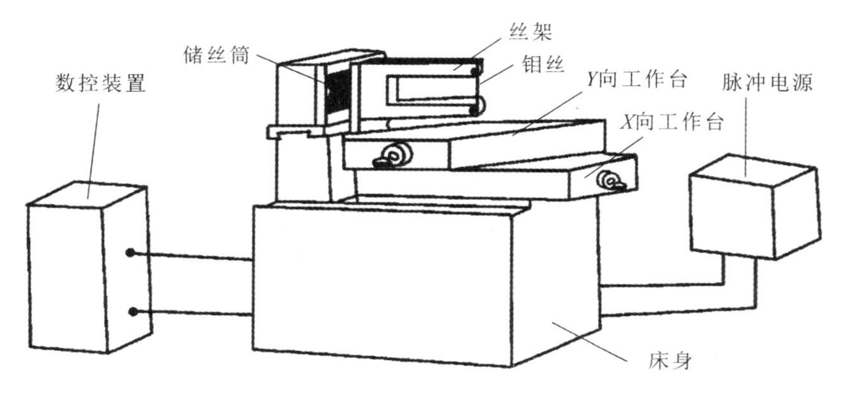

图 2-1　数控线切割机床外形图

2.2　电火花线切割加工原理

电火花线切割加工是线电极电火花加工的简称，是电火花加工的一种，其加工原理如图 2-2 所示。被切割的工件作为工件电极，钼丝作为工具电极，脉冲电源发出一连串的脉冲电压，施加到工件电极和工具电极上。钼丝与工件之间不间断浇注具有一定绝缘性能的工作液（图中未画出）。当钼丝与工件间的距离小到一定程度时，脉冲电压击穿工作液开始放电，在钼丝与工件之间形成瞬间放电通道，产生瞬时高温，使金属局部熔化甚至汽化而被烧蚀去除。工作台若带动工件不断进给，就能不断烧蚀切割工件从而得到所需要的形状。由于储丝筒带动钼丝交替作正、反向的高速移动，钼丝基本上不被烧蚀，可使用较长的时间。

电火花线切割加工能正常进行，必须具备下列条件。

（1）钼丝与工件的被加工表面之间必须保持一定间隙，间隙的宽度由工作电压、加工量等加工条件决定。如果间隙过大，极间电压不能击穿极间介质，则不能产生电火花放电；如果间隙过小，则容易形成短路连接，也不能产生电火花放电。

（2）电火花线切割机床加工时，必须在有绝缘性的液体介质（如煤油、皂化油、去离子水等)中进行,要求有绝缘性是为了利于产生脉冲性的火花放电,液体介质还有排除间隙内电蚀产物和冷却电极的作用。

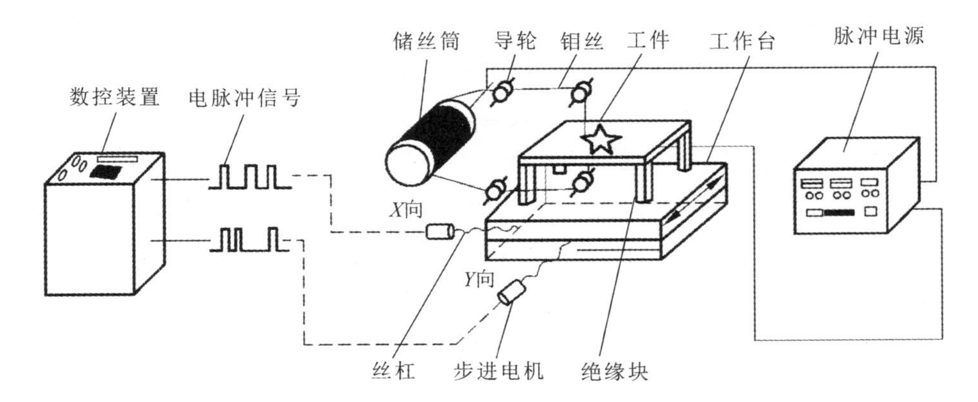

图 2-2　电火花线切割加工原理图

(3) 必须采用脉冲电源,即火花放电必须是脉冲性、间歇性的。如图 2-3 所示,图中 t_i 为脉冲宽度、t_o 为脉冲间隔、t_p 为脉冲周期。在脉冲间隔内,间隙介质应消除电离,使下一个脉冲能在两极间击穿放电。

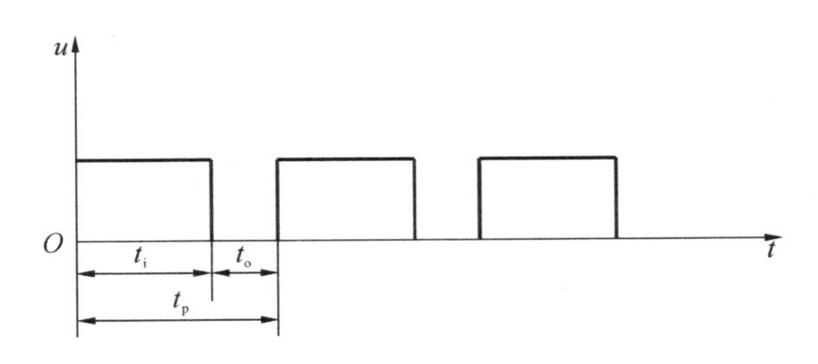

图 2-3　脉冲示意图

2.3　数控线切割机床的分类

数控线切割机床可按以下方式分类。

(1) 按控制方式,可分为靠模仿型控制、光电跟踪控制、数字程序控制及微机控制等。

(2) 按电源形式,可分为RC电源、晶体管电源、分组脉冲电源及自适应控制电源等。

(3) 按加工特点,可分为大、中、小型以及普通直壁切割型与锥度切割型等。

(4) 按走丝速度,可分为慢走丝和快走丝两种。一般情况下,慢走丝的加工质量优于快走丝,但加工效率不如快走丝。为了提高线切割机床的加工效率和加工质量,在快走丝线切割机床的基础上进行改良,生产出中走丝机床,其特点是可以进行多次切割来提高切割质量。其切割速度并不比快走丝慢,反而略高于快走丝,在多次切割过程中,根据需要达到的切割效果,调整切割速度、脉冲间隔、功率等加工参数,其加工质量接近慢走丝机床。慢走丝线切割机床的加工精度可以达到0.001 mm级,工件表面粗糙度 Ra 可达0.8 μm。

2.4 线切割加工的加工对象

线切割加工的加工对象如下。

(1) 广泛应用于各种冲模的加工。

(2) 可以加工具有微细异形孔、窄缝及形状复杂的工件。

(3) 加工样板和成形刀具。

(4) 加工粉末冶金模、镶拼型腔模、拉丝模、波纹板成形模。

(5) 加工硬质材料,切割薄片,切割贵重金属材料。

(6) 加工凸轮、特殊的齿轮。

(7) 适用于小批量、多品种零件的加工,可以减少模具制作费用,缩短生产周期。

2.5 线切割加工程序的编写方法

数控线切割机床的控制系统是根据指令控制机床进行加工的,要加工出所需要的图形，首先必须把要切割的图形转换成一定的命令，并将之输入控制系统中，这就是程序。在数控机床中，有两种编程方式：一种是手工编程，另一种是自动编程。手工编程采用各种数学方法，使用一般的计算工具，直接由人对编程所需的数据进行处理和运算。为了简化编程工作，随着计算机的飞速发展，自动编程已经成为主要编程手段。自动编程使用专用的数控语言及各种输入手段向计算机输入必要的形状和尺寸数据，利用专门的应用软件即可求得各交切点坐标及加工程序所需的数据。根据编程信息的输入与计算机对信息处理方式的不同，自动编程分为以自动编程语言为基础的自动编程方法和以计算机绘图为基础的自动编程方法。在以自动编程语言为基础的自动编程方法中，编程人员依据所用数控语言的编程手册以及零件图样，以语言的形式表达出加工的全部内容，然后把这些内容输入计算机进行处理，制作出可以直接用于数控机床的 NC 加工程序。在以计算机绘图为基础的自动编程方法中，编程人员先用自动编程软件的 CAD 功能构建出几何图形，然后利用 CAM 功能设置好几何参数，才能制作出 NC 加工程序。

目前比较常用的 CAD/CAM 软件有 Mastercam、Pro/Engineer、Unigraphics NX、CAXA 等。

2.6　数控电火花线切割机床基本操作

本书以 DK-77 型数控电火花线切割机床为例介绍机床的基本操作。

1. 通电准备

(1) DK-77 型数控电火花线切割机床数控柜(也称电柜)使用三相 380V+零线、50 Hz交流电源，要求外界输入电压为 380 V(±10%)。电柜通过一根 5 芯电缆与外界电源相接，必须接零线，黄绿线接地。

(2) 将电柜的 30 芯、26 芯联机线与机床床身相连，将 4 芯水泵电缆与机床相连。

2. 电柜操作面板布局与说明

电柜操作面板如图 2-4 所示，面板说明如下。

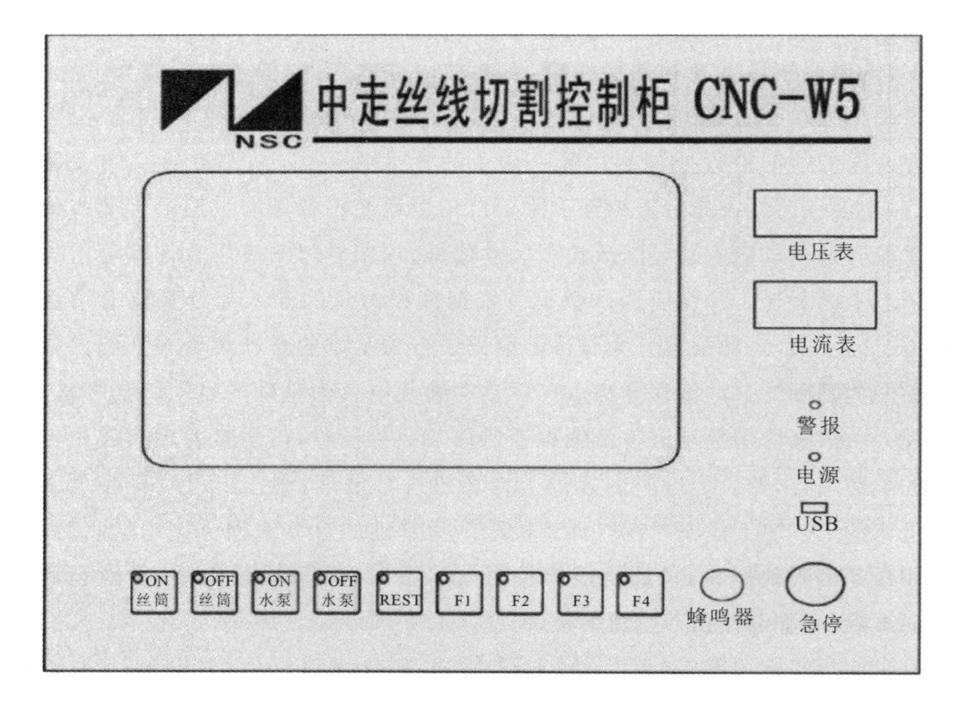

图 2-4　电柜操作面板

(1) 电压表(V):指示整流直流电压。

(2) 电流表(A):指示加工电流。

(3) 警报指示灯:加工电参数传输警报指示灯,当传输数据出错时,指示灯亮。

(4) 电源指示灯:当电柜送电时,指示灯亮。

(5) USB 接口:外部文件从此输入计算机(U 盘第一次在这里使用时需安装驱动)。

(6) 急停按钮:压下此按钮,电柜总电源断电。

(7) 蜂鸣器:当钼丝断丝、运丝机构超程、加工结束时,蜂鸣器报警。

(8) 丝筒开/关:控制运丝机构电机的启动与停止。

(9) 水泵开/关:控制水泵电机的启动与停止。

(10) REST:当按水泵开/关与丝筒开/关及手控盒上的按键没反应时,单片机可能死机,按下此按钮后,单片机复位。

3. 开机说明

(1) 在确定输入电源准确无误的情况下，关上电柜的前后门即弹出两急停按钮(否则会因电柜开门断电功能而合不上开关)，合上电柜左侧的断路器，电柜即通电，风机运转，面板上绿色电源指示灯亮。

(2) 启动计算机主机：当电柜接通电源后，或是按下计算机电源开关后，计算机主机开启。

(3) 电柜所有的工作软件出厂时，均安装在 C 盘，并在 E 盘有备份，以便于计算机数据的恢复。

(4) 电柜采用 HF 编控一体化软件，具有类似慢走丝机床的多次切割功能，每次切割的加工参数可以在编程时设定，使用前请仔细阅读软件的使用说明书及本节内容。

4. 加工电参数设置

进入 HF 编控一体化软件，可通过按键命令进入高频电源参数编辑页面(具体操作方法详见后面内容)。各项参数可通过键盘设置和修改，其页面如表 2-1 所示。因不同机床参数设置各不相同，而且参数的设置对机床的工作效率、加工质量影响较大，初学者应谨慎修改加工电参数。

表 2-1　高频电源参数

代码	A	B	C	D	E	F	G	H	I	J	K	L	M
组号	脉宽	脉间	分组宽	分组间隔	短路电流	分组脉冲状态	高压脉冲状态	等宽脉冲状态	梳状脉冲状态	前阶梯波代码	后阶梯波代码	走丝速度代码	电压代码
M10	××	××	××	××	××	××	××	××	××	××	××	×	××
M11	××	××	××	××	××	××	××	××	××	××	××	×	××
M12	××	××	××	××	××	××	××	××	××	××	××	×	××
M13	××	××	××	××	××	××	××	××	××	××	××	×	××
M14	××	××	××	××	××	××	××	××	××	××	××	×	××
M15	××	××	××	××	××	××	××	××	××	××	××	×	××
M16	××	××	××	××	××	××	××	××	××	××	××	×	××
M17	××	××	××	××	××	××	××	××	××	××	××	×	××

5. 加工图形的编制、储存和调用

(1) 在 HF 编控一体化软件的主界面，单击“全绘式编程”，进入图 2-5 所示的界面。

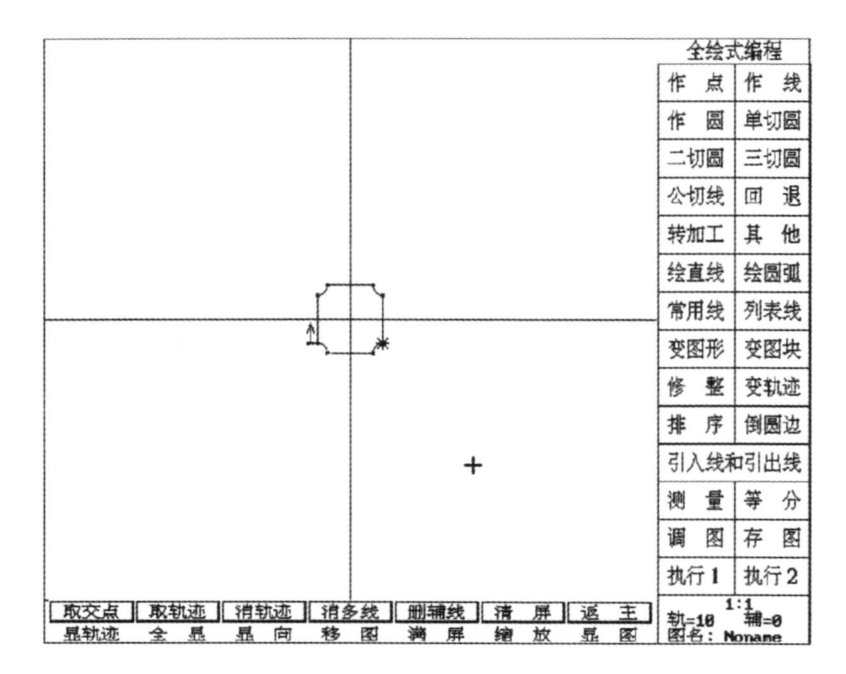

图 2-5　全绘式编程界面

(2) 绘制出所需加工的工件图形(图 2-5 中为圆角正方形)，绘好引入线、引出线，选加工方向，具体绘制方法见 HF 编控一体化软件的使用说明书，然后单击“执行 1”或“执行 2”，进入图 2-6 所示的界面。

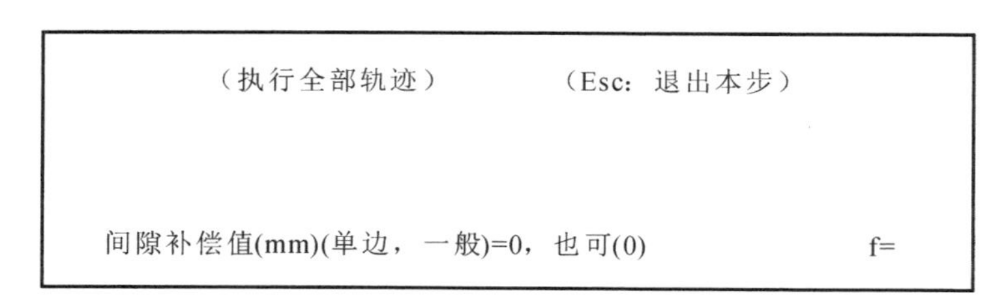

图 2-6　输入补偿值界面

(3) 输入补偿值(补偿值＝钼丝半径＋单边放电间隙)，凹模应输负值，凸模则应输正值，然后按“Enter”键，进入图 2-7 所示的界面。

(4) 单击“后置”，进入图 2-8 所示的界面。

(5) 单击“切割次数”，进入图 2-9 所示的界面。

(6) 单击“过切量(mm)”，可输入过切量值，以消除工件接缝，单击“切割次

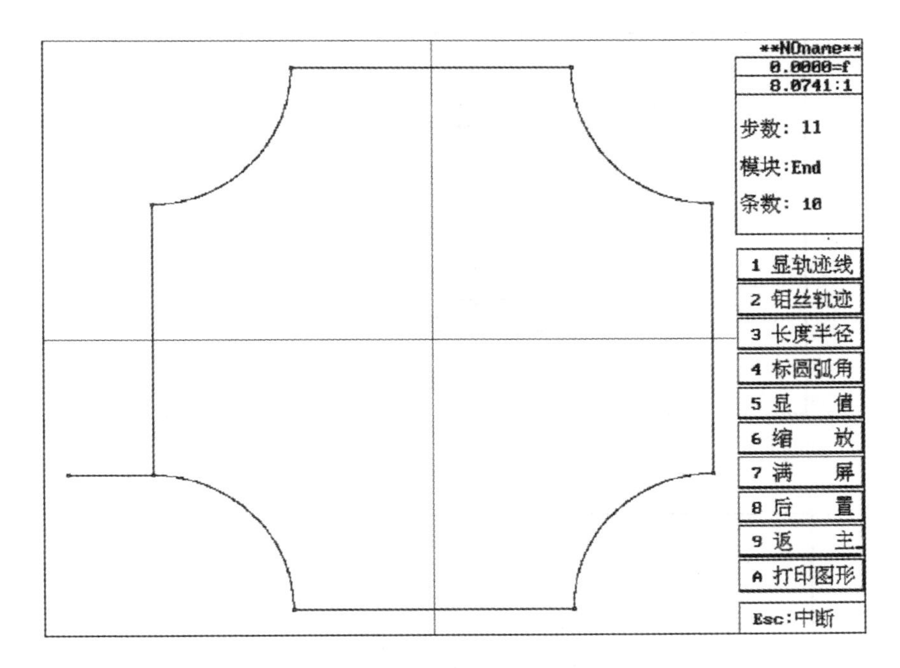

图 2-7　输入补偿值后的界面

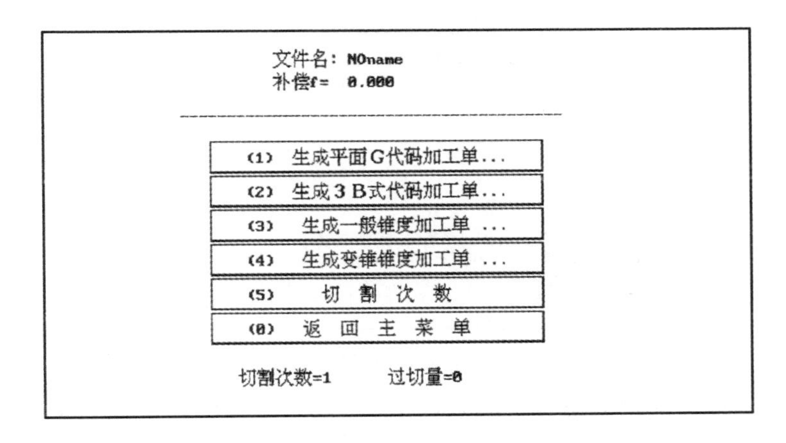

图 2-8　后置界面

数(1-7)”,输入切割次数,按“Enter”键。如果切割次数为 1,则单击“确定”按钮,返回上一界面;否则进入图 2-10 所示的界面,图 2-10 为 3 次切割的界面,过切量为 0.3 mm。

(7) 图 2-10 中,“凸模台阶宽(mm)”为加工凸模时,为防止工件脱落,将工件分为两段加工,此值为第二段加工的长度,长度以保证第一段加工完成时,加

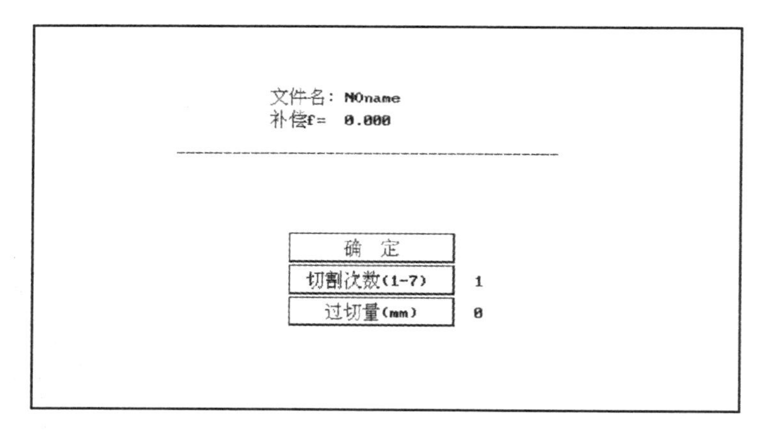

图 2-9 切割次数设置界面

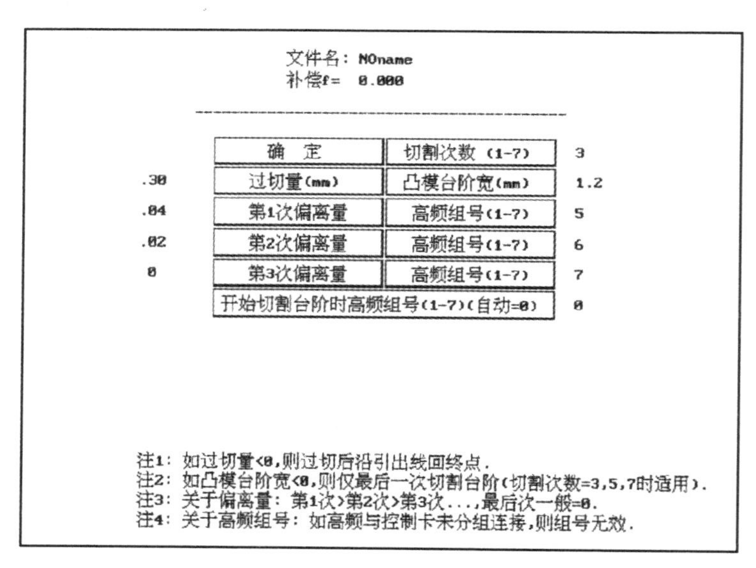

图 2-10 切割次数和过切量设置界面

工缝隙不变形为准;“偏离量”为每次切割出的工件实际尺寸与目标尺寸的差值,大小与放电参数有关,太大则影响下次切割的效率,太小又不能消除前次放电的凹痕;“高频组号(1-7)”的 1-7 对应电参数文件中的组号 M11～M17;“开始切割台阶时高频组号(1-7)(自动＝0)”指的是工件引入引出线的加工参数组号。根据加工工艺,设定好相应的值,单击“确定”按钮返回图 2-8 所示的界面,根据加工要求,可选择单击(1)～(4)选项,例如,单击(1)选项,则进入图2-11所示的界面。

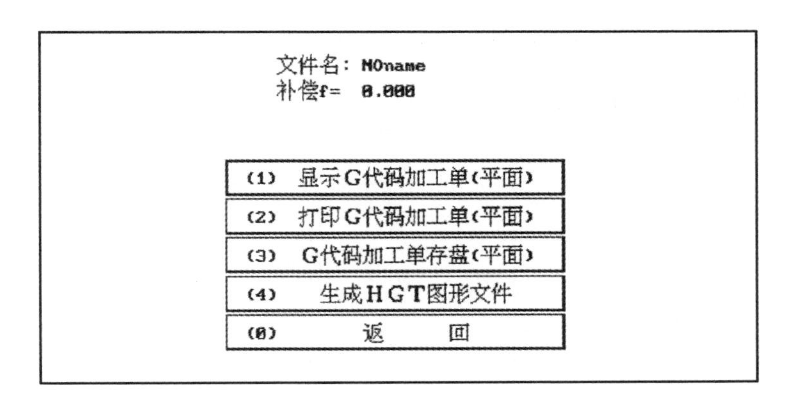

图 2-11　生成平面 G 代码加工单界面

(8) 单击“G 代码加工单存盘(平面)”，提示输入文件名(如 002)，如图 2-12 所示。

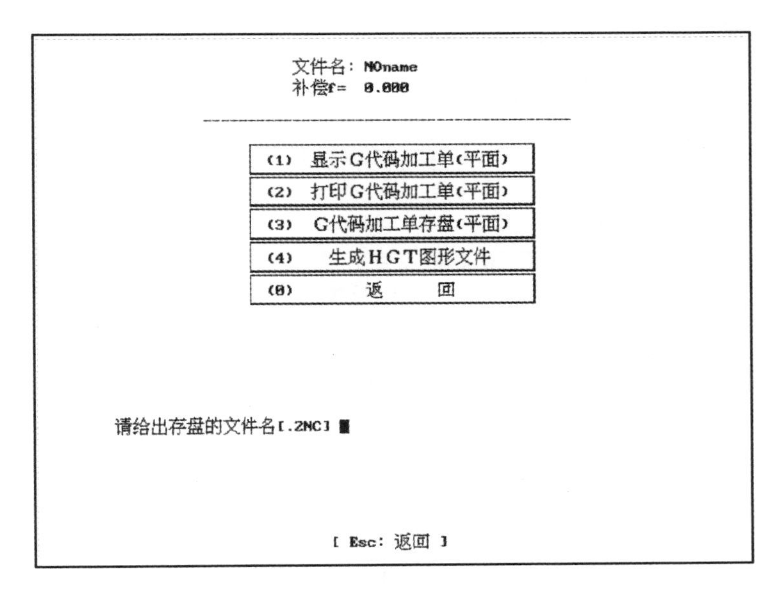

图 2-12　输入文件名界面

(9) 输入文件名后，按“Enter”键，然后单击“Esc：返回”按钮，返回到图 2-8 所示的界面。

(10) 再单击“返回主菜单”，则返回 HF 编控一体化软件的主界面。如要调用编辑好的 002 号加工工件，则在主界面中单击“加工”按钮，进入 HF 编控一体化软件的加工界面。

(11) 单击“读盘”或输入快捷方式“5”,进入图 2-13 所示的界面。

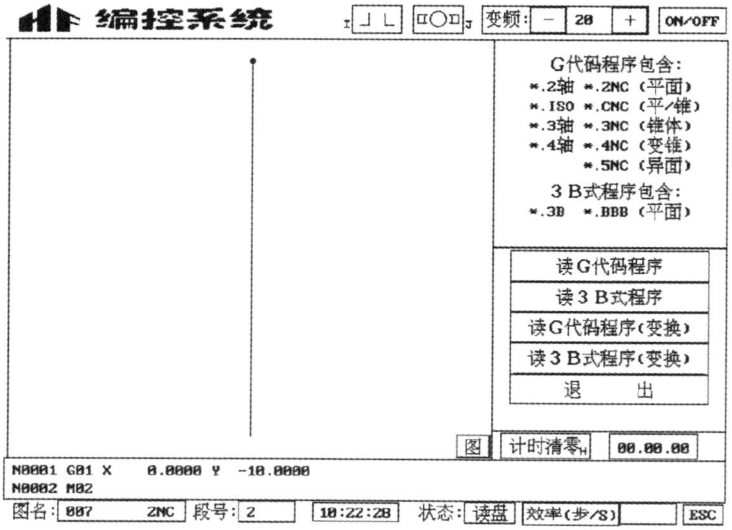

图 2-13　读取 G 代码程序界面

(12) 单击“读 G 代码程序”或“读 G 代码程序(变换)”,进入图 2-14 所示的界面。

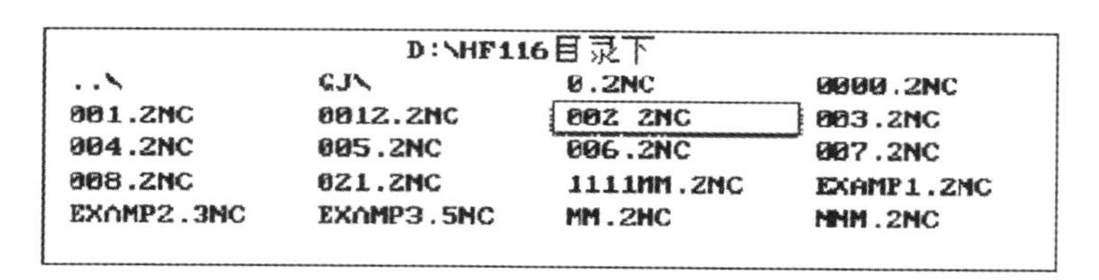

图 2-14　选择 002　2NC

(13) 单击“002　2NC”,如果选“读 G 代码程序(变换)”,则可以为加工的图形进行旋转,选好后程序自动将图形调入加工界面,如图 2-15 所示。

(14) 加工参数文件与加工工件文件存储路径的修改(系统默认为 HF 编控一体化软件安装路径):先在计算机硬盘中建立相应的文件夹,然后单击“系统参数”,进入图 2-16 所示的界面,选择“3”,输入路径后按“Enter”键即可,再选择“0”,返回主菜单。特别提示:本软件里面的其他所有参数不得任意更改,否则可能会导致软件不能正常工作。

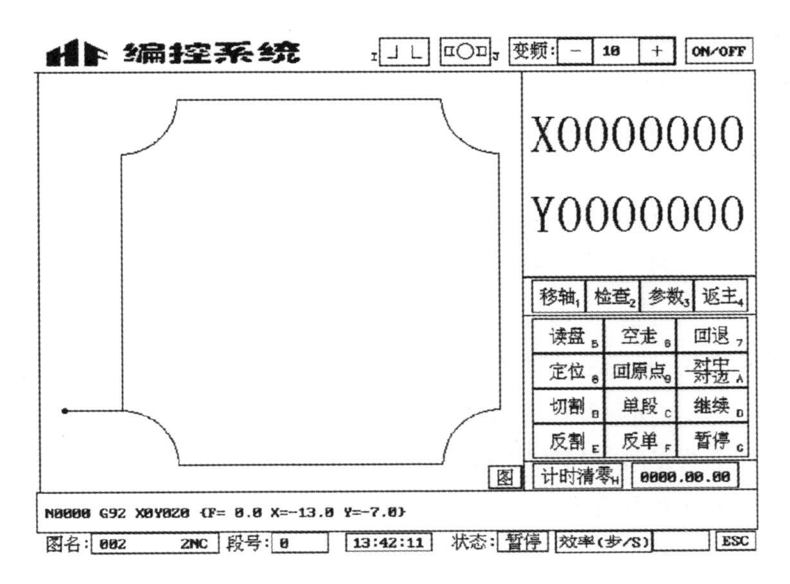

图 2-15　调完图形后的加工界面

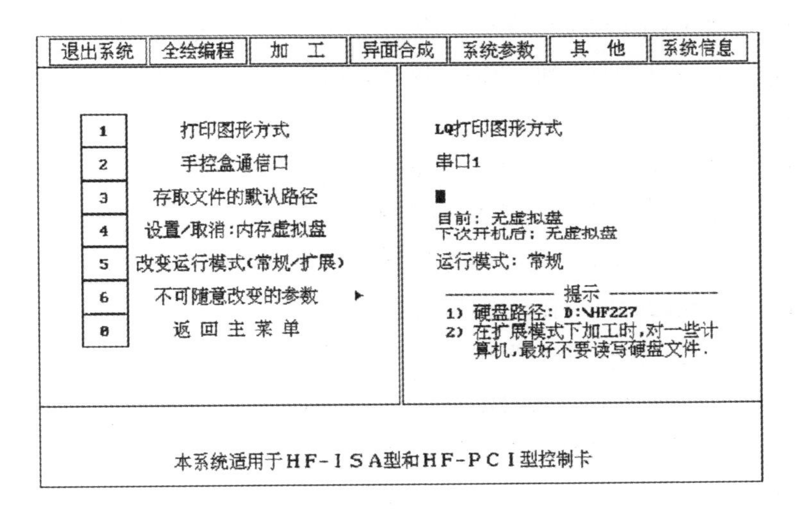

图 2-16　系统参数选择

6. HF 编控一体化软件操作使用

1) HF 编控一体化软件概述

HF 编控一体化软件是一款高智能化的图形交互式软件。该软件可以通过简单、直观的绘图工具将所要切割的零件形状描绘出来，再通过系统处理成一定格式的加工程序。

HF 编控一体化软件包括内置卡一块、软件狗一个、编程控制软件。

2）HF 编控一体化软件的基本术语

为了更好地学习和应用此软件，我们先来了解一下该软件中的一些基本术语。

（1）辅助线：用于求解和产生轨迹线（也称切割线）的几何元素，包括辅助点、辅助直线、辅助圆。在软件中，点用红色表示，直线用白色表示，圆用高亮度白色表示。

（2）轨迹线：具有起点和终点的曲线段，包括轨迹直线、轨迹圆弧（包含圆）。在软件中，直线段用淡蓝色表示，圆弧用绿色表示。

（3）切割线方向：切割线的起点到终点的方向。

（4）引入线和引出线：一种特殊的切割线，用黄色表示，它们应该是成对出现的。

3）界面及功能模块的介绍

在主菜单下，单击“全绘编程”按钮，则出现图 2-17 所示的显示框。图 2-17 所示界面是常常出现的界面，功能选择框、功能不同，所显示的内容也不同。

4）功能选择框功能介绍

功能选择框如图 2-18 所示，其功能介绍如下。

（1）取交点：在图形显示区内，定义两条线的相交点。

（2）取轨迹：选取某一曲线上的两个点之间的部分作为切割的路径，取轨迹时这两个点必须同时出现在绘图区域内。

（3）消轨迹：上一步的反操作，也就是删除轨迹线。

（4）消多线：对首尾相接的多条轨迹线的删除。

（5）删辅线：删除辅助的点、线、圆功能。

（6）清屏：对图形显示区域的所有集合元素的清除。

（7）返主：返回主菜单的操作。

（8）显轨迹：在图形显示区域内只显示轨迹线，将辅助线自动隐藏起来。

（9）全显：显示全部几何元素（辅助线、轨迹线）。

（10）显向：预览轨迹线的方向。

（11）移图：移动图形显示区域内的图形。

（12）满屏：将图形自动充满整个屏幕。

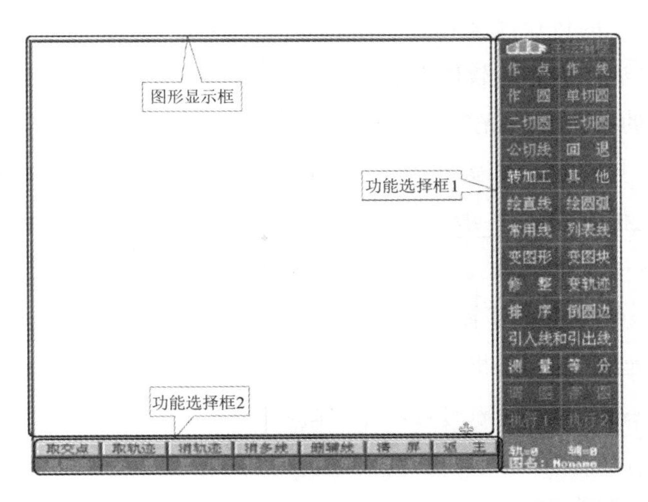

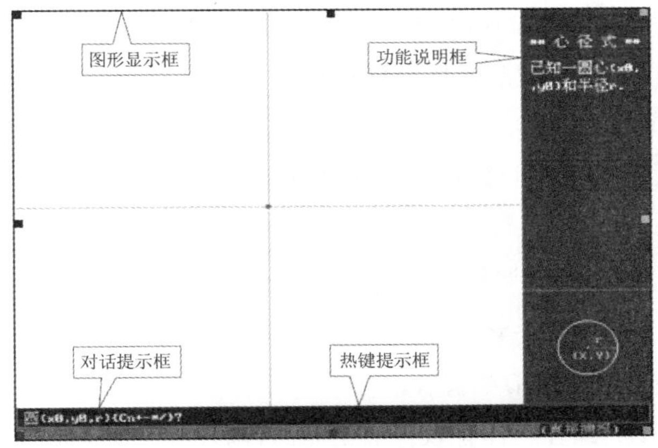

图 2-17　显示框图例

图 2-18　功能选择框

(13) 缩放:将图形的某一部分进行放大或缩小。

(14) 显图:显示整个图形。

7. 手控盒说明

(1) 本机手控盒分为两部分:一部分为可以直接使用的水泵、丝筒开与关及断丝保护;其余功能必须在 HF 编控一体化软件“手控盒移轴”状态下才有效,同时需将手控盒的传输线插在计算机的串口 COM2(COM1 为 HF 系统默认,但易造成 HF 编控一体化软件不能正常工作)上,手控盒向计算机发送数据时,W3A08 板上的 SEND 发光管会闪亮发光。

(2) 使用手控盒移轴,需在加工界面的参数设置中设定移轴时的最大速度,以保证步进电机不掉步,一般 *XY*/*UV* 轴不得大于 300 步/s,同时,在加工界面的“移轴”设置中选择“手控盒移轴”,将移轴方式设为手控盒移轴。

(3) “XY/UV”键为移轴切换键,指示灯不亮为 *XY* 轴,灯亮为 *UV* 轴;“速度”键为移轴速度切换键,指示灯不亮为慢速,灯亮为快速;“断丝”键为断丝保护键,指示灯不亮,当钼丝断时自动停丝筒,灯亮,当钼丝断时丝筒不停。

8. 工件加工流程

(1) 水箱内准备好工作液,配比浓度以工作液的说明为准。一般对加工精度及光洁度有较高要求时,配比浓度需适当大一些;当需要提高加工效率及加工大厚度(200 mm 以上)工件时,配比浓度需适当小一些。

(2) 装夹好工件,调整好上丝架的高度,一般上下丝嘴到工件的距离为 10 mm。

(3) 机床穿好钼丝,调好钼丝张紧力。*X*、*Y* 两个方向校正垂直。

(4) 进入 HF 编控一体化软件,按图纸要求编制加工程序,按工件的材质、厚度和精度要求编辑加工电参数。

(5) 进入 HF 编控一体化软件加工界面,调入所要加工工件的文件,再单击加工界面中的“检查”,可进行“轨迹模拟”,检查加工轨迹是否正确,显示“加工数据”,检查加工工件是否超出机床行程等,正确无误后单击“退出”按钮,返回加工界面。

(6) 移动拖板,钼丝调整到工件的起割点,电锁紧拖板;开丝筒,开水泵,调节好上下水嘴的出水,以上下水包裹住钼丝为佳。

(7) 调用加工电参数:对于多次切割,只需将所需加工的电参数文件名设为当前文件名即可,在切割过程中,软件会根据加工程序自动调用该文件下对应的组号加工电参数;而一次切割,需手动将该文件所需组号的加工电参数送出。

(8) 单击“切割”按钮进行加工,根据面板电流表指针的摆动情况来合理调节变频(加工界面的右上角,“—”表示进给速度加快,“+”表示进给速度减慢),

使电流表指针摆动相对最小，稳定地进行加工。

(9) 如果在加工过程中发现加工电参数不合适，则可以在加工状态下单击“参数”→“其他参数”→“高频组号和参数”→“送高频参数”，进入图 2-19 所示的界面，可以对当前加工的电参数进行修改、储存。

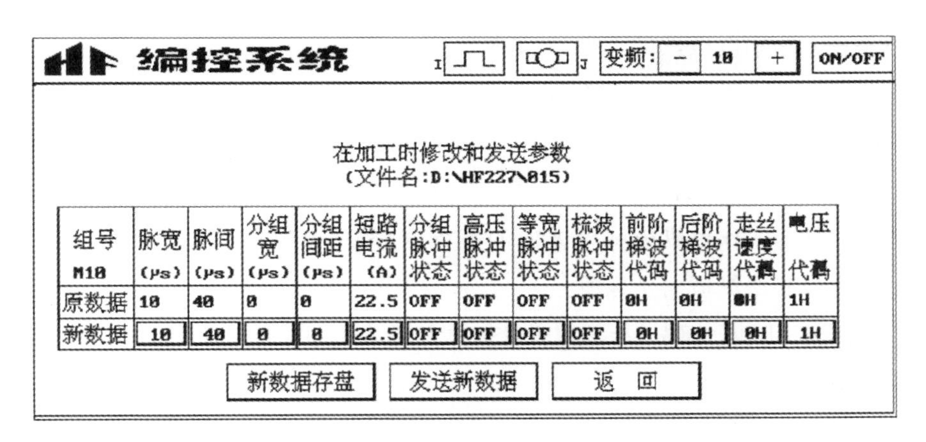

图 2-19　修改和储存电参数界面

9. 注意事项

(1) HF 编控一体化软件的有关参数已由厂方设置好，用户切记不要随意设置，以免造成机床无法正常工作；计算机有慢走丝掉电后，可能会造成 HF 编控一体化软件无法正常工作，此时要按照 HF 编控一体化软件使用说明书重新设置慢走丝，并保存。

(2) 加工对中或对边时，必须将工件表面清理干净，工件表面应无锈、无油污、无毛刺等，多对几次，减小误差。

(3) HF 编控一体化软件的安装方法可以参见其使用说明书，安装完成后，需要进行相关的参数设置，设置方法请咨询厂家。

(4) 移机或换外电源开关时，应注意检查水泵电机与丝筒电机的运转方向是否正确。

(5) 机床与电柜一定要接地。电柜要注意防尘、防潮，电柜与机床必须由专业人员按时进行保养、维护。

(6) 电柜断电后，电柜前、后板的大电容上留有残余高压，应谨防电击，必要时需对其进行放电。

10. 机床加工工艺特点简介

为了更好地发挥线切割机床的使用效能，操作者在使用机床时应注意以下方面。

(1) 根据图纸尺寸及工件的实际情况计算坐标点并编制程序，但要考虑工件的装夹方法和电极丝的直径，并选择合理的切入部位。

(2) 按已编制的程序正确输入数控柜。

(3) 装夹工件时应注意位置、工作台的移动范围，使加工型腔与图纸相符。对于加工余量较小或有特殊要求的工件，调整工件在工作台中间的位置，并精确调整工件与工作台纵横移动方向的平行度，避免余量不够而使工件报废，并记下工作台起始纵横向坐标值。

(4) 加工凹模、卸料板、固定板及某些特殊型腔时，均需先把电极丝穿入工件的预钻孔中。

(5) 必须熟悉线切割加工工艺中的一些特性和影响电火花线切割加工精度的主要因素，以及提高加工精度的具体措施。在线切割加工中，除了机床的运动精度直接影响加工精度外，电极丝与工件间的火花间隙的变化和工件的变形加工精度亦有不可忽视的影响。

(6) 机床精度。在使用机床加工精密工件之前，需对机床进行必要的精度检查和调整。加工前，应仔细检查导轮的 V 形槽是否损伤，并应除去堆积在 V 形槽中的电蚀物。导轮要求用硬度高、耐磨性好的材料制成，如 GCr15、W18Cr4V 等，也可选用硬质合金或陶瓷材料制造导轮的镶件来增强导轮 V 形工作面的耐磨性和耐蚀性。

① 检查工作台纵、横向丝杆副传动间隙，如间隙过大，会影响机床重复定位精度，因此在加工高精度工件时，一定要实测丝杆传动副间隙并通过编程或选定间隙补偿量进行调整。

② 电极丝与工件间的火花间隙的大小随工件材质、切割厚度的变化而变化，因为材料的化学、力学性能以及切割时排屑能力、消电离能力也会影响火花间隙的大小。加工高精度工件时，应根据工件材质、切割厚度等因素，选择相对应的间隙补偿量进行调整，以免火花间隙大小不合适，从而影响加工精度。

③ 在有效的加工范围内，切割速度绝不能超过电腐蚀速度，否则就会产生

短路。在切割过程中，加工电流保持稳定，那么工件与电极丝之间的电压也就稳定，则火花间隙大小一定，加工精度就能得到保证。

（7）减小工件材料变形的措施。

① 选择合理的工艺流程：以线切割加工为主要工序时，钢件的加工流程为下料、锻造、退火、粗加工、淬火与回火、磨加工、线切割加工、钳工修整。

② 工件材料的选择：工件的材料应选择变形量小、渗透性好、屈服极限高的材料。例如，制作凹凸模具的材料应尽量选用 CrWMn、Cr12Mn、GCr15 等合金工具钢。

③ 提高锻造毛坯的质量：锻造时要严格按规范进行，掌握好始锻、终锻温度，特别是高合金工具钢还应该注意碳化物的偏析程度，锻造后需要进行球化退火，以细化晶粒，尽可能降低热处理的残余应力。

④ 注意热处理的质量：热处理淬火、回火时应合理选择工艺参数，严格控制规范，操作要正确，淬火加热温度尽可能采用下限，冷却要均匀，回火要及时，回火温度尽可能采用上限，时间要充分，尽量消除热处理后产生的残余应力。

⑤ 正确安排加工工艺顺序，以消除机加工产生的应力。

a. 从坯料切割凸模时，不能从外部切割进去，要在离凸模轮廓较近处做穿丝孔，同时要注意切割部位不能离坯料周边太近，要保证坯料还有足够的强度，否则会使切割工件变形。

b. 切割起点最好在图形重心平衡处，并处于两段轮廓相交处，这样开口变形小。

c. 切割较大工件时，应边切割边加夹板或用垫铁垫起，以便减少由已加工部分下垂引起的变形。

d. 对于尺寸很小或细长的工件，影响变形的因素复杂，切割时采用试探法边切边测量，边修正程序，直到满足图纸要求为止。

⑥ 切割路线的选择。

a. 恰当安排切割图形。线切割加工用的坯料在热处理时表面冷却快，内部冷却慢，导致热处理后坯料金相组织不一致，产生内应力，而且越靠近边角处，应力变化越大。因此，线切割的图形应尽量避开坯料边角处，一般留出 8～10 mm。对于凸模，还应留出足够的夹持余量。

b. 正确选择切割路线。切割路线应有利于保证工件在切割过程中的刚度和避开应力变形影响。在线切割中，工件坯料的内应力会失去平衡从而导致工件坯料变形，影响加工精度，严重时切缝甚至会夹住、拉断电极丝。在图 2-20 中，综合考虑内应力导致的变形等因素可以看出，图 2-20(c)的切割路线最好，图 2-20(a)的切割路线次之，图 2-20(b)的切割路线不正确。在图 2-20(d)中，零件与工件坯料的主要连接部位被过早地割离，余下的材料被夹持部分少，工件刚性大大降低，容易产生变形，从而影响加工精度。

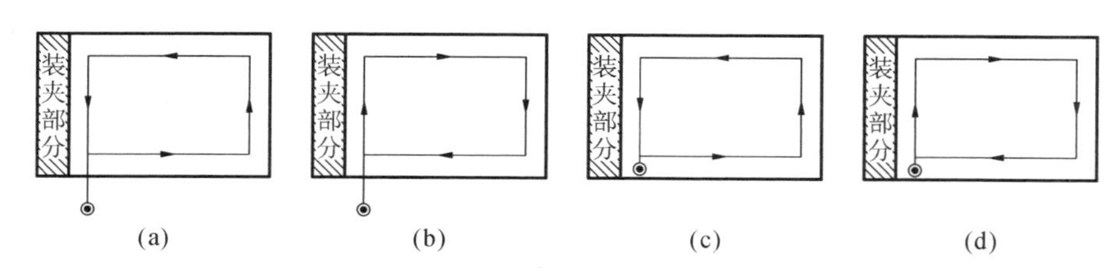

图 2-20 切割凸模时穿丝孔位置及切割路线比较图

11. 实操案例

切割一个正八边形(见图 2-21)，对边尺寸为 28 mm，厚度为 20～40 mm，精度要求为纵剖面上的尺寸差 0.012 mm，横剖面上的尺寸差 0.015 mm。

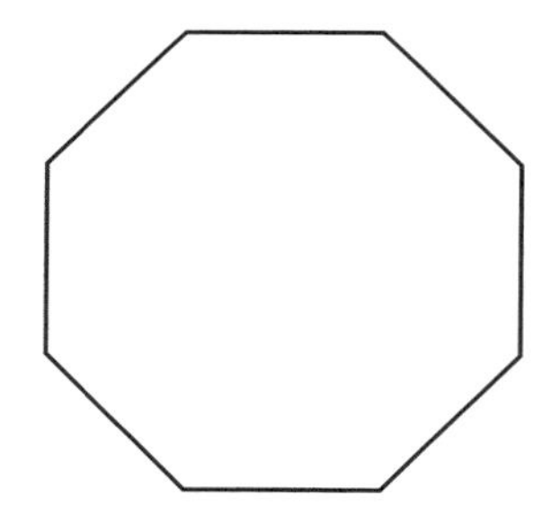

图 2-21 正八边形

操作步骤如下。

(1) 单击“全绘式编程”，进入绘图界面。

(2) 单击“绘直线”按钮。

(3) 选择“多边形”按钮，系统提示三种方式，即外切多边形、内接多边形、一般多边形，选择“外切多边形”。

(4) 按提示，输入已知圆(X0，Y0，R)：(0，0，14)，按“Enter”键。

(5) 提示几边形，N：输入 8，按“Enter”键，正八边形在图形显示框中自动绘出，按“Esc”键退出或单击“退出”，按“Enter”键。

(6) 单击“引入线、引出线”按钮，选择作引线(长度法)，输入引线长度 3 mm，按“Enter”键，输入终点，在正八边形的两边交点处确认。

(7) 确定钼丝的补偿方向和加工方向，单击“退出”按钮。

(8) 单击“执行”，输入钼丝的补偿值，单击“后置”按钮。

(9) 确认切割次数,并生成平面 G 代码加工单。

(10) G 代码加工单存盘,输入存盘文件名,例如“KK”,按“Enter”键。

(11) 在加工界面上单击“读盘”,再单击“读 G 代码程序”,选择“KK 2NC”。

加工顺序如图 2-22 所示。机床加工结束顺序如图 2-23 所示。

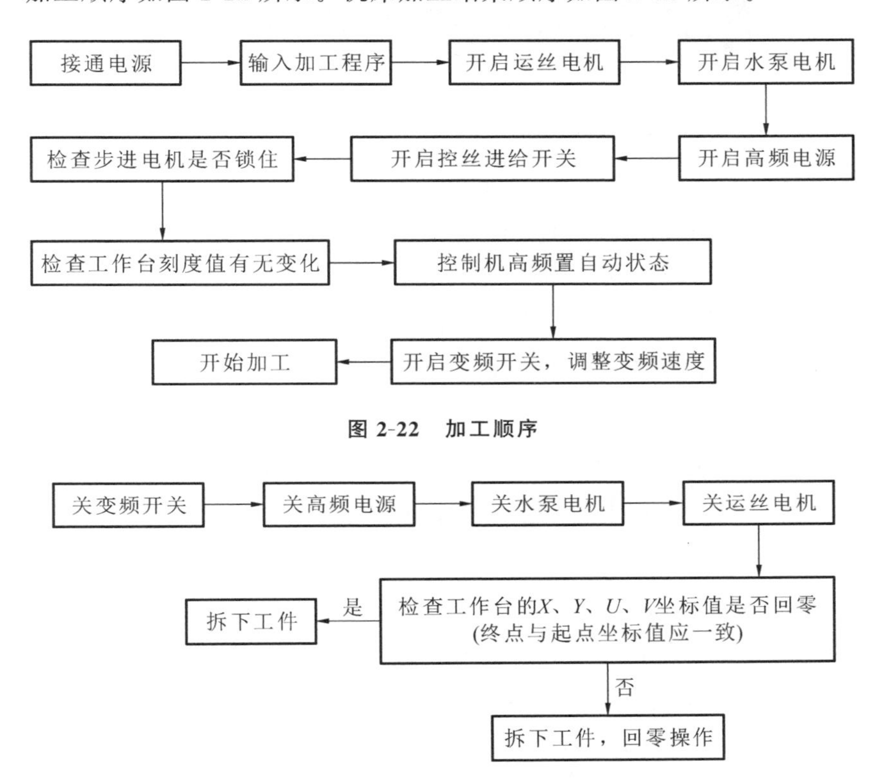

图 2-22　加工顺序

图 2-23　机床加工结束顺序

线切割机床加工过程

第3章　电火花加工

电火花加工(electrical discharge machining,EDM)是通过工件和工具电极间的放电而有控制地去除工件材料,以及使材料变形、性能改变的特种加工。其中,电火花成形加工适用于加工各种孔、槽模具,还可穿孔、刻字、表面强化等;电火花切割加工适用于加工各种冲模、粉末冶金模及工件,各种样板、磁钢及硅钢片的冲片,以及钼、钨、半导体或贵重金属。

3.1　电火花加工的原理

在电火花加工过程中,工具电极和工件之间会产生脉冲性的火花放电,电火花加工就是利用放电瞬间产生的局部高温将金属蚀除下来的,这就是电火花加工的原理。因为在放电过程中可见到火花,所以称为电火花加工。电火花加工原理如图 3-1 所示。

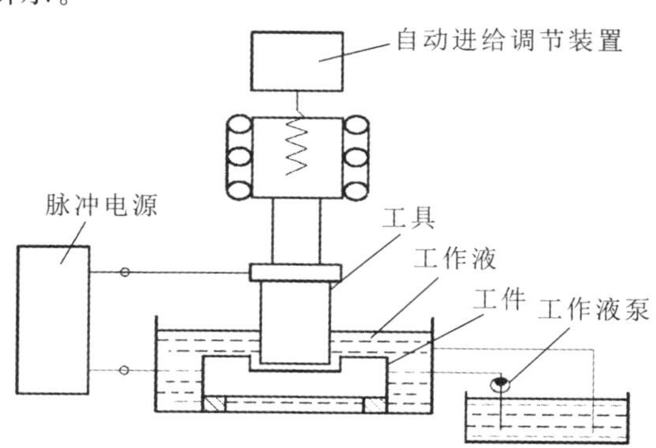

图 3-1　电火花加工原理示意图

3.2　实现电火花加工的条件

实现电火花加工的条件如下。

(1) 工具电极和工件电极之间必须施加 60～300 V 的脉冲电压，同时还需维持合理的放电间隙。大于放电间隙，介质不能被击穿，无法形成火花放电；小于放电间隙，会导致积炭，甚至发生电弧放电，无法继续加工。

(2) 两极间必须充放具有一定绝缘性能的液体介质，电火花成形加工一般用煤油做工作液。

(3) 输送到两极间的脉冲能量应足够大，放电通道间的电流密度一般为 $10^4 \sim 10^9$ A/cm^2。

(4) 放电必须是短时间的脉冲放电。一般放电时间为 1～1000 μs，这样才能使放电产生的热量来不及扩散，从而把能量产生的作用限制在很小的范围内。

(5) 脉冲放电需要多次进行，并且在时间上和空间上是分散的，以避免发生局部烧伤。

(6) 脉冲放电后的电蚀产物应能及时排放至放电间隙之外，使重复性放电顺利进行。

3.3　电火花加工的特点

电火花加工具有以下特点。

(1) 电火花加工适用于难切削材料，能“以柔克刚”；

(2) 工具电极与工件不接触，两者间作用力很小；

(3) 脉冲参数可调节，能在同一机床连续进行粗、半精、精加工，加工过程易于自动控制；

(4) 主要用于加工金属等导电材料，在一定条件下也可以加工半导体和非金属材料；

(5) 电极的耗损影响加工精度。

3.4 电火花加工的应用范围

电火花加工的应用范围如下。

(1) 加工各种金属及合金材料、特殊热敏感材料、半导体材料等；

(2) 加工各种形状复杂的型腔和型孔，如各种模具的型腔、型孔、样板、小孔(直径为 0.01～1 mm)及异形孔等；

(3) 加工直径小至 10 μm 的孔、缝，以及大型模具和零件。

3.5 电火花成形加工机床

电火花成形加工机床(见图 3-2)主要由控制柜、主机及工作液净化循环系统三大部分组成。

1. 控制柜

控制柜是完成控制、加工操作的部分，也是机床的中枢神经系统。控制柜包括伺服系统、手控盒、脉冲电源系统。

伺服系统产生伺服状态信息，由计算机发出伺服指令，驱动伺服电机进行高速、高精度定位操作。

手控盒集中了点动、停止、暂停、解除、油泵启停等加工操作过程中使用频率高的按键，更加便于操作。

脉冲电源系统包括脉冲波形产生和控制电路、检测电路、自适应控制电路、功率板等。该系统是控制柜的核心部分，产生脉冲波形，形成加工电流，监测加

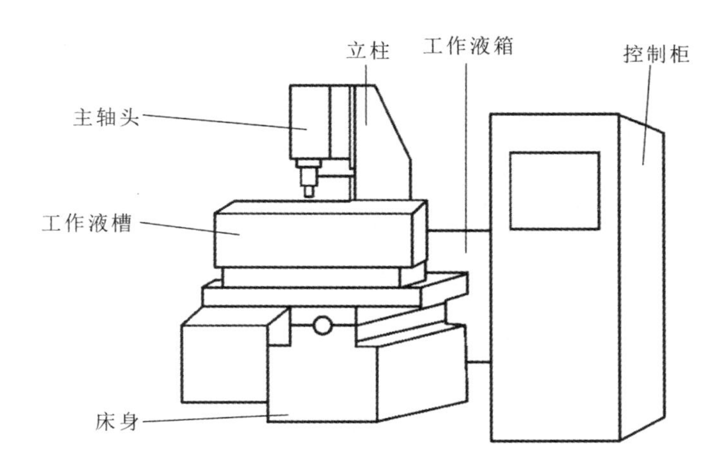

图3-2　电火花成形加工机床组成示意图

工状态并进行自适应调整。

2. 主机

主机主要包括床身、立柱、工作台及主轴头几部分。主轴头是电火花成形加工机床中的关键部件，是自动调节系统中的执行机构，对加工工艺指标的影响极大。主轴头主要由进给系统、导向防扭机构、辅助机构(电极夹头、调整环)组成。

3. 工作液净化循环系统

工作液净化循环系统包括工作液(煤油)箱、电动机、泵、过滤装置、工作液槽、油杯、管道、阀门、测量仪表等。

3.6　电火花加工操作步骤

电火花加工操作步骤如下。

(1) 安装工具电极后，调整夹头，根据工件位置找正，要求严格的工件用千分表找正；

(2) 工件安装在工作台上，用螺钉、压板紧固工件，根据要求移动 X、Y 方向，可以用数显确定加工的位置；

（3）电参数根据加工工件的要求来选择；

（4）启动工作液；

（5）启动加工。

回退位置：设置 0～9.9 mm 之间的数值，加工结束后，主轴回退至此值。打开周期提升开关，提升高度可以调节。

第4章 激光加工

4.1 激光加工简介

激光加工(laser beam machining,LBM)是用强度高、亮度大、方向性好、单色性好的相干光,通过一系列的光学系统聚焦成平行度很高的微细光束(直径为几微米至几十微米),获得极高的能量密度($10^8 \sim 10^{10}$ W/cm^2)和10000 ℃以上的高温,使材料在极短的时间(千分之几秒甚至更短)内熔化甚至汽化,以达到去除材料的目的。

1. 激光加工的原理

激光是一种受激辐射而得到的加强光。其基本特征是:强度高,亮度大;波长与频率确定,单色性好;相干性好,相干长度长;方向性好,几乎是一束平行光。

如图4-1所示,当激光束照射到工件表面时,光能被吸收,转化成热能,使照射斑点处的温度迅速升高,从而使照射斑点处熔化、汽化而形成小坑。由于热扩散,斑点周围金属熔化,小坑内金属蒸气迅速膨胀,产生微型爆炸,将熔融物高速喷出并产生一个方向性很强的反冲击波,于是被加工表面被打出一个上大下小的孔。

2. 激光加工的特点

激光加工具有以下特点。

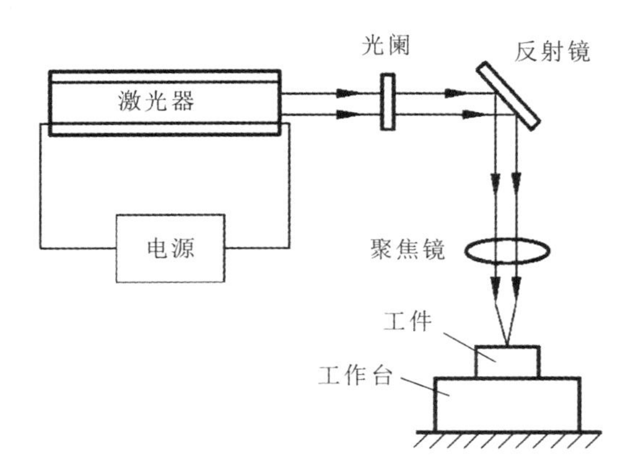

图 4-1　激光加工原理示意图

(1) 对材料的适应性强。激光加工的功率密度在各种加工方法中是最高的,激光加工几乎可以应用于任何金属材料和非金属材料,如高熔点材料、耐热合金及陶瓷、宝石、金刚石等硬脆性材料。

(2) 打孔速度极快,热影响区小。通常打一个孔只需 0.001 s,易于实现加工自动化和流水作业。

(3) 激光加工不需要加工工具。激光加工属于非接触加工,工件无变形,对刚性差的零件可实现高精度加工。

(4) 激光能聚焦成极细的光束,能加工深而小的微孔和窄缝(直径为几微米,深度与直径的比值可达 10 以上),适用于精微加工。

(5) 可穿越介质进行加工。激光加工可以透过由玻璃等透明介质制成的窗口对隔离室或真空室内的工件进行加工。

3. 激光加工的应用

激光加工的应用包括切割、焊接、打孔、打标、热处理、快速成形、涂覆等,在生产实践中已经越来越多地体现出其优越性,受到广泛的重视。

(1) 激光焊接:用于汽车车身厚薄板、汽车零件、锂电池、心脏起搏器、继电器等零件,以及密封器件和各种不允许有焊接污染和变形的器件。

(2) 激光切割:适用于汽车、计算机等行业,可用于电气机壳、木刀模、各种金属零件和特殊材料的切割,例如圆形锯片、亚克力、弹簧垫片、2 mm 以下的电子机件用铜板、一些金属网板、钢管、镀锡铁板、镀亚铅钢板、磷青铜、电木板、薄铝合金、石英玻璃、硅橡胶、1 mm 以下氧化铝陶瓷片、航天工业使用的钛合金等。

(3) 激光打标：适用于各种材料，在几乎所有行业中得到广泛应用。

(4) 激光打孔：主要应用于航空航天、汽车制造、电子仪表制造、化工等行业。

(5) 激光热处理：在汽车制造业中应用广泛，如缸套、曲轴、活塞环、换向器、齿轮等零部件的热处理，同时在航空航天、机床行业和其他机械行业也应用广泛。我国的激光热处理应用远比国外广泛得多。

(6) 激光快速成形：将激光加工技术和计算机数控技术及柔性制造技术相结合，多用于模具和模型行业。

(7) 激光涂覆：在航空航天、模具及机电行业应用广泛。

4.2　激光打标机

1. 激光打标的原理及优势

激光打标是用激光束在各种不同物质的表面打上永久的标记。打标的效应是使表层物质蒸发从而露出深层物质，或者是利用光能使表层物质的化学物理性质发生变化而"刻"出痕迹，或者是利用光能烧掉部分物质，显示出所需的图案、文字。激光打标机实物图和激光打标产品实物图分别如图 4-2 和图 4-3 所示。

激光打标基本原理、加工特点及应用

图 4-2　激光打标机实物图

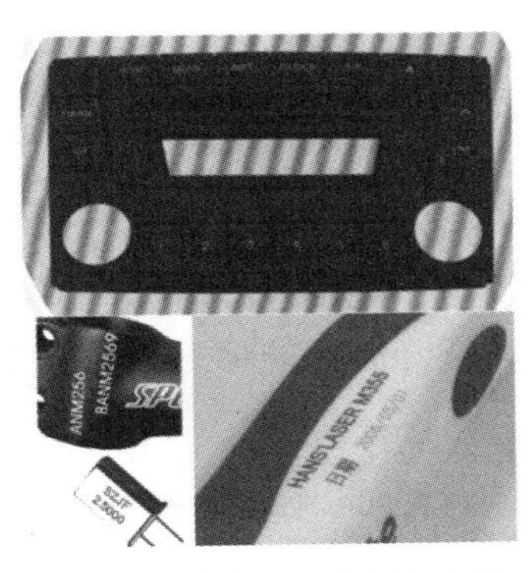

图 4-3　激光打标产品实物图

目前，公认的激光打标原理有以下两种。

(1) 热加工：当激光束照射到物体表面时，物体表面快速升温，热能把物体的特性改变或使物料熔解蒸发。具有较高能量密度的激光束（它是集中的能量流）照射到被加工材料表面，材料表面吸收激光能量，照射区域发生热激发过程，从而使材料表面（或涂层）温度上升，产生熔融、烧蚀、蒸发等现象。

(2) 冷加工：又称光化学加工，指当激光束施加于物体时，高密度能量光子引发或控制光化学反应的加工过程。具有很高负荷能量的（紫外）光子能够打断材料（特别是有机材料）或材料周围介质内的化学键，使材料发生非热过程破坏。这种冷加工在激光标记加工中具有特殊的意义，因为它不是热烧蚀，而是不产生"热损伤"副作用的、打断化学键的冷剥离，所以不会使加工表面的里层和附近区域产生加热或热变形等。例如，电子工业中使用准分子激光器在基底材料上沉积化学物质薄膜，在半导体基片上开出狭窄的槽等。

相较于气动打标、电腐蚀、丝印、喷码、机械雕刻等传统的标记方式，激光打标具有以下优势。

(1) 激光加工为光接触，是非机械接触，没有机械应力，所以特别适合在具有高硬度（如硬质合金）、高脆性（如太阳能硅片）、高熔点及高精度（如精密轴承）要求的场合使用。

(2) 激光加工的能量密度很大、加工时间短、热影响区小、热变形小、热应力小，不会影响内部电气性能。特别是 532 μm、355 μm、266 μm 激光的冷加工，适合特殊材质的精密加工。

(3) 激光直接灼烧蚀刻，生成永久性的标记。其不可擦除，不会失效变形、脱落。

(4) 激光加工系统是计算机控制系统，可以方便地编排、修改，有跳号、随机码等功能，满足产品独一编码的要求，适用于个性化加工，在小批量、多批次加工方面更有优势。

(5) 激光打标的标记工艺美观、精度较高，可提升产品档次，提高产品附加值。

(6) 线宽可小到 10 μm，深度可达 10 μm 以下，可对"毫米级"尺寸大小的零件表面进行标记。

(7) 低耗材，无污染，节能环保，符合欧洲环保标准，符合《药品生产质量管理规范》(GMP)的要求。

(8) 加工成本低：虽然设备的一次性投资较高，但连续的、大量的加工使单个零件的加工成本降低。

(9) 加工方式灵活：可通过透明介质对内部工件进行加工，易于导向、聚焦，实现方向变换，极易与数控系统配合。

2. 激光打标机的分类

根据不同材料对不同波长激光的吸收特性不同，激光打标机一般可分为两大类：一类采用YAG(钇铝石榴石)激光器，适合加工金属材质和大部分的非金属材质，如铁、铜、铝、金、银等金属和各类合金，还有ABS(丙烯腈-丁二烯-苯乙烯)料、油墨覆层、环氧树脂等；另一类采用CO_2激光器，只能加工非金属材质，如木头、纸张、亚克力、玻璃等。有些材料同时适用于两种类型的激光打标机，但标识的工艺效果会有差异。

YAG激光打标机包括灯泵浦YAG激光打标机、半导体泵浦YAG激光打标机和光纤YAG激光打标机三类，CO_2激光打标机包括射频管和玻璃管两类，这五类产品构成了激光打标机的标准机型。

1) 灯泵浦YAG激光打标机

YAG激光器是红外光频段波长为1.064 μm的固体激光器，采用氪灯作为能量源(激励源)，Nd:YAG作为产生激光的介质，激励源发出特定波长的入射光，促使工作物质发生能量转换，通过能级跃迁释放出激光，谐振腔将激光能量放大并整形聚焦后形成可使用的激光束，计算机通过控制振镜头来改变激光束光路，从而实现自动打标。

Nd:YAG激光器中，Nd(钕)是一种稀土族元素，YAG代表钇铝石榴石，晶体结构与红宝石相似。

灯泵浦YAG激光打标机的优点是使用面广，价格较低；缺点是三个月左右要换一次灯，光斑大，不适合做精细加工。

2) 半导体泵浦YAG激光打标机

半导体泵浦YAG激光打标机使用半导体激光二极管(侧面或端面)泵浦，将Nd:YAG作为产生激光的介质，使介质产生大量的反转粒子，在Q开关(脉冲发生器)的作用下，反转粒子输出巨脉冲激光，电光转换效率高。

与灯泵浦 YAG 激光打标机相比，半导体泵浦 YAG 激光打标机具有稳定性好、省电、不用换灯等优点，但价格相对较高。

3）光纤 YAG 激光打标机

光纤 YAG 激光打标机主要由激光器、振镜头、打标卡三部分组成，采用由光纤激光器生产激光的打标机，光束质量好。其整机寿命在 10 万小时左右，与其他类型激光打标机相比，寿命更长；其电光转换效率在 28%以上，相对于其他类型激光打标机 2%～10%的转换效率优势很大；在节能环保等方面性能卓著。

优点：比较灵活方便，体积较小；光斑小，适合进行精细加工；采用风冷，与水冷相比，成本降低。

缺点：价格较高，功率较小，不适合做激光深加工。

4）CO_2 激光打标机

CO_2 激光打标机是一种使用 CO_2 激光器的打标机。CO_2 激光器是红外光频段波长为 10.64 nm 的气体激光器，将 CO_2 气体充入放电管，并将 CO_2 作为产生激光的介质，在电极上加高电压，放电管中产生辉光放电，就可使气体分子释放出激光，将激光能量放大后就形成能够对材料进行加工的激光束，通过计算机控制振镜头来改变激光束光路，从而实现自动打标。

优点：能够用于非金属打标切割，速度快，价格较灯泵浦 YAG 激光打标机低，技术成熟。

缺点：功率小，不适合做精细加工，不能用于金属打标，切割时有一定的斜度。

3. 激光打标机的应用

激光打标机应用在以下方面。

（1）激光打标机可用于雕刻多种金属及非金属材料。例如，普通金属（铁、铜、铝、镁、锌等金属）及合金、稀有金属（金、银、钛）及合金、金属氧化物（各种金属氧化物均可）、特殊处理的金属表面（磷化、铝阳极化、电镀金属的表面）、ABS 料（电器用品外壳、日用品）、油墨（透光按键、印刷制品）、环氧树脂（电子元件的封装、绝缘层）。

（2）激光打标机可应用于机械、电子元器件、集成电路、眼镜钟表、首饰饰品、建材、医疗器械、服装辅料、建筑陶瓷、产品包装、橡胶制品、工艺礼品、皮革等行业。

4.3　激光切割

激光切割利用经过聚焦的高功率密度激光束照射工件，使被照射的工件迅速熔化、汽化或达到燃点，同时借助与光束同轴的高速气流吹除熔融物质，从而将工件割开。激光切割属于热切割方法，其分为激光汽化切割、激光熔化切割、激光氧气切割和激光划片与控制断裂四类。

1. 激光汽化切割

激光汽化切割利用高功率密度的激光束照射加热工件，使工件表面局部温度迅速上升，在非常短的时间内达到材料的沸点，工件材料被激光照射的部位开始汽化，形成蒸气。这些蒸气的喷出速度很快，在蒸气喷出的同时，材料上形成切口。材料的汽化热一般很大，所以激光汽化切割时需要很大的功率和功率密度。

激光汽化切割多用于极薄金属材料和非金属材料（如纸、布、木材、塑料和橡皮等）的切割。

2. 激光熔化切割

激光熔化切割时，用激光照射加热金属材料，使其局部熔化，然后通过与光束同轴的喷嘴喷吹非氧化性气体（氩气、氦气、氮气等），依靠大压力气体喷吹产生的强烈气流将液态金属排出，形成切口。激光熔化切割不需要使金属完全汽化，所需能量只有激光汽化切割的1/10。

激光熔化切割主要用于一些不易氧化的材料或活性金属的切割，如不锈钢，钛、铝及其合金等。

3. 激光氧气切割

激光氧气切割的原理类似于氧乙炔气割。激光氧气切割将激光作为预热热源，将氧气等活性气体作为切割气体。喷吹出的气体一方面与切割金属作用，发生氧化反应，放出大量的氧化热；另一方面把熔融的氧化物和熔化物从反应区吹出，在金属中形成切口。因为切割过程中的氧化反应产生了大量的热，所以激光氧气切割所需要的能量只是激光熔化切割的 1/2，而切割速度远远大于激光汽化切割和激光熔化切割。激光氧气切割主要用于碳钢、钛钢以及热处理钢等易氧化的金属材料。

4. 激光划片与控制断裂

激光划片是利用高能量密度的激光在脆性材料的表面进行扫描，使材料受热蒸发出一条小槽，然后施加一定的压力，脆性材料就会沿小槽裂开。激光划片用的激光器一般为 Q 开关激光器和 CO_2 激光器。控制断裂是利用激光刻槽时所产生的陡峭的温度分布，在脆性材料中产生局部热应力，使材料沿小槽断开。

4.4 激光切割的特点

激光切割与其他热切割方法相比，具有以下特点。

(1) 切割质量好。由于激光光斑小、能量密度高、切割速度快，激光切割能够获得较高的切割质量。

① 激光切割切口细窄，切缝两边平行并且与表面垂直，切割零件的尺寸精度可达±0.05 mm。

② 切割表面光洁美观，表面粗糙度只有几十微米，甚至激光切割可以作为最后一道工序，无须机械加工，零部件可直接使用激光切割。

③ 材料经过激光切割后，热影响区宽度很小，切缝附近材料的性能也几乎不受影响，并且工件变形小，切割精度高，切缝的几何形状好，切缝横截面形状为规则的长方形。

(2) 切割效率高。由于激光的传输特性，激光切割机上一般配有多台数控工作台，整个切割过程可以全部实现数控。操作时，只需改变数控程序，就能使激光切割机适用于不同形状零件的切割，既可进行二维切割，又可进行三维切割。

(3) 切割速度快。用功率为 1200 W 的激光切割 2 mm 厚的低碳钢板，切割速度可达 600 cm/min；切割 5 mm 厚的聚丙烯树脂板，切割速度可达 1200 cm/min。材料在激光切割时不需要装夹固定，既可节省装夹工具，又可节省上、下料的辅助时间。

（4）非接触式切割。激光切割时割炬与工件无接触，不存在工具的磨损。加工不同形状的零件，不需要更换刀具，只需改变激光器的输出参数。激光切割过程噪声低、振动小、无污染。

（5）切割材料的种类多。与氧乙炔切割和等离子切割相比，激光切割材料的种类多，包括金属、非金属、金属基和非金属基复合材料等。但是对于不同的材料，激光切割由于自身的热物理性能及对激光的吸收率不同，表现出不同的激光切割适应性。因此，需要根据不同的材料特性选择对应频率的激光进行切割。

（6）受激光器功率和设备体积的限制，激光切割只能切割中、小厚度的板材和管材，而且随着工件厚度的增加，切割速度明显下降。此外，激光切割设备费用高，一次性投资大。

4.5 激光雕刻切割系统

激光雕刻切割系统包括计算机、控制软件、激光数控机床，根据用户的不同要求完成加工任务。以下对激光雕刻切割软件进行简单介绍。

1. 软件支持的文件格式

激光雕刻切割软件种类较多，一般均支持以下文件格式。

矢量格式：dxf，ai，plt，dst 等。

位图格式：bmp，jpg，gif，png 等。

2. 主操作界面

主操作界面包括主绘图区、菜单栏、图形属性栏、系统工具栏、绘图工具栏、控制栏（见图 4-4）。

（1）菜单栏。软件的主要功能都可以通过菜单栏中的命令选项来实现，执

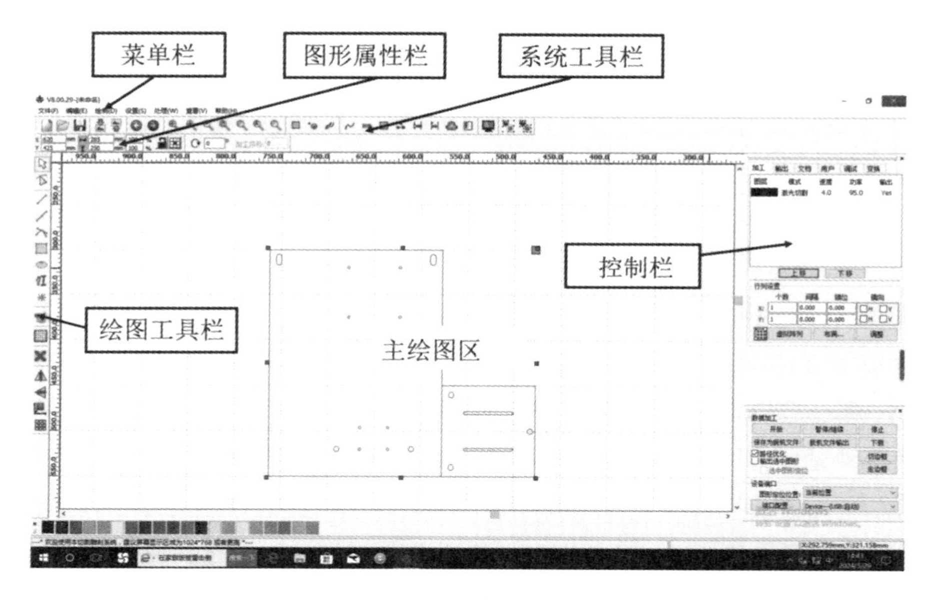

图 4-4　主操作界面

行菜单命令是最基本的操作方式。菜单栏包括文件、编辑、绘制、设置、处理、查看和帮助这 7 个功能各异的选项。

(2) 图形属性栏。通过图形属性栏能够对图形的基本属性进行操作，包含图形的位置、尺寸、加工序号的设置及对图形进行缩放操作。

(3) 系统工具栏。系统工具栏上放置了最常用的一些功能选项，并通过命令按钮的形式体现出来，这些功能选项大多数是从菜单中挑选出来的。

(4) 控制栏。控制栏主要用来实现一些常用激光参数的设定，如激光切割、激光加工、功率选择、加工速度设置、图层设定等。

(5) 绘图工具栏。位于工作区的左边，放置了经常使用的绘图工具，使绘图操作更加灵活方便。

3. 软件其他重要的工具

软件一般可以自动确定切割点、切割方向及切割顺序，但也可手动进行设置。选择“编辑”→“设置切割属性”，将弹出设置切割属性对话框(见图 4-5)，手动排序以及切割点、切割方向设置均可以在这个对话框内完成。

(1) 显示路径。首先勾选“显示路径”，就会显示出当前图形的切割顺序及切割方向，并可以进行修改。

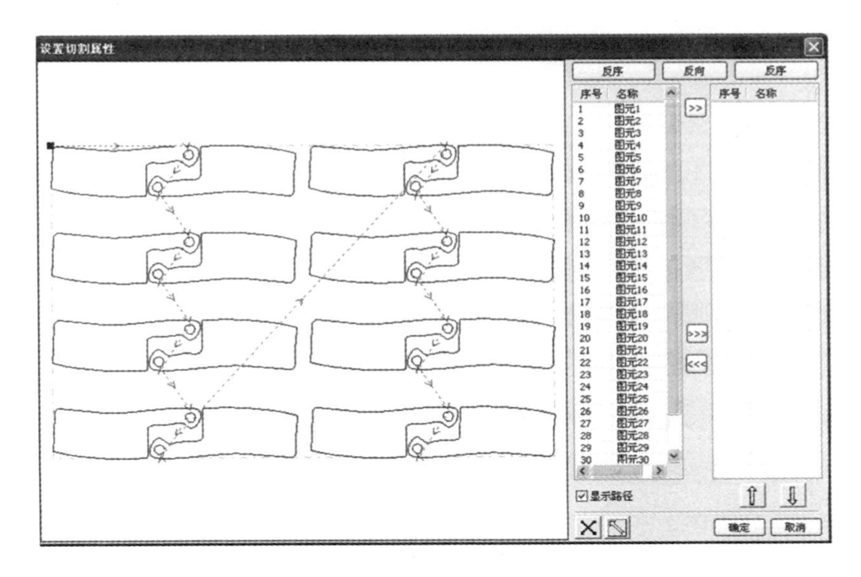

图 4-5　设置切割属性对话框

(2) 手动排序。点对话框上的按钮可以切换当前操作的状态，如编辑和查看。然后就可以在图形显示区框选或者点选图形(或者在对话框右侧图元列表点选、复选图元)，选择图形后，点 >> 按钮，这些图形就被导到另一个列表中，被作为先加工的图元。依次操作图元，就可以完成对所有图形的排序。

(3) 改变图形加工方向。用鼠标在图形显示区或者在图元列表中选择图形，然后点“反向”按钮，即可改变图形加工方向。

(4) 改变切割点。选中要改变切割点的图形，就会显示出当前图形的所有节点。选择要设置的起点，双击鼠标左键，就会改变当前图形的起点。完成所有的修改后，点“确定”按钮，即可把修改的结果保存，如图 4-6 所示。

(5) 设置引入引出。为保证切割质量，有些零件在切割时需要添加引入引出线。先选中要做引入引出的图形，然后单击“编辑”→“设置引入引出”，弹出引入引出线设置对话框(见图 4-7)。引入引出线有直线和圆弧两种类型。

直线引入可以通过三种方式来实现：① 夹角引入，引入线与起始线段成一定角度，角度以逆时针方向为正，其长度按引入线长度设置；② 在中心引入，引入线的起点在中心；③ 从中心引入，引入线的方向为从图形中心向图形起点引入，长度按引入线长度设置。圆弧引入的弧长按引入线长度设置，圆弧引入类

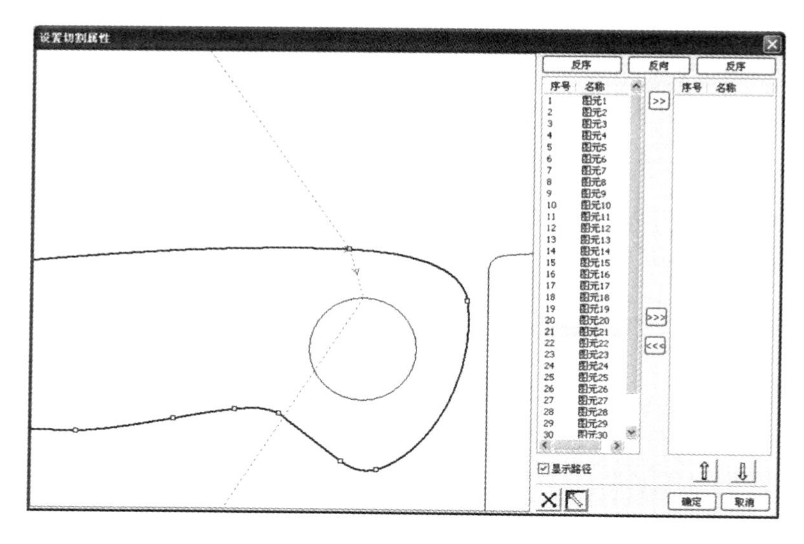

图 4-6　改变切割点示例

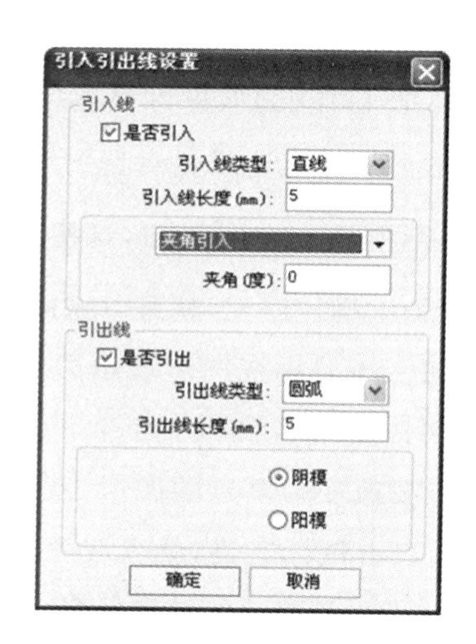

图 4-7　引入引出线设置对话框

型分阴模和阳模两种，如图 4-8 所示。引出线的设置与引入线的设置相同。

4. 操作案例一(切割制作相框)

相框由亚克力材料经激光切割制作，亚克力材料为 4 mm 厚的板材。相框零件包括面板(2 块)、后支架、左支架、右支架(见图 4-9～图 4-11)。

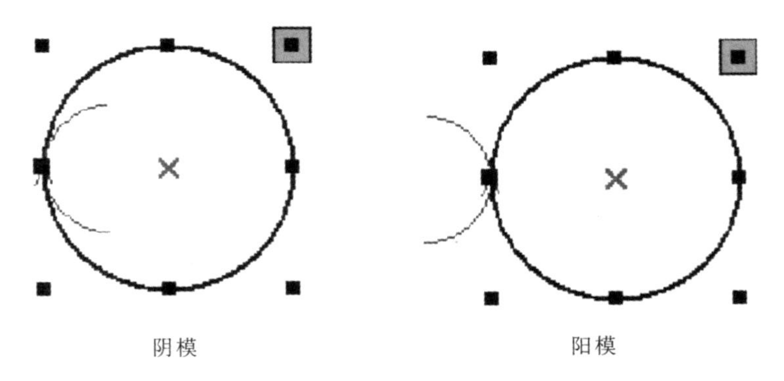

图 4-8　圆弧引入线示例

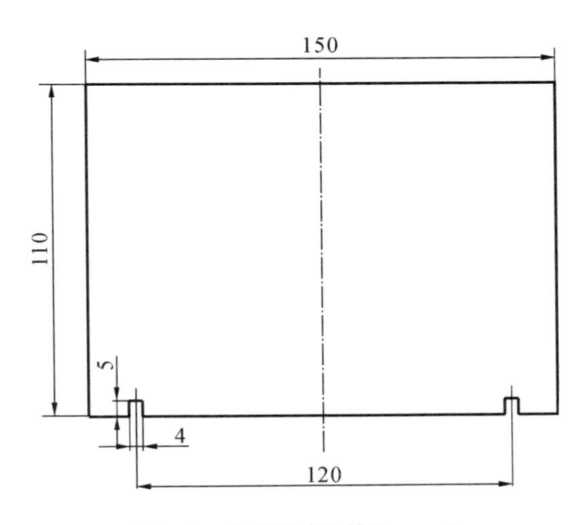

图 4-9　相框面板(单位:mm)

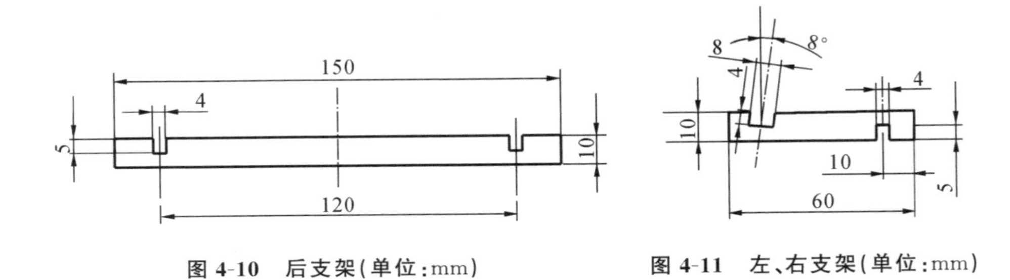

图 4-10　后支架(单位:mm)　　图 4-11　左、右支架(单位:mm)

(1) 使用 CAD 软件绘制相框图纸,并进行排版,尽量减少切割线段,节约材料,节省加工时间。排版后存为 dxf 格式。应注意,只保留加工轮廓线,中心线、尺寸线等辅助线均删除。排版后的图形如图 4-12 所示。

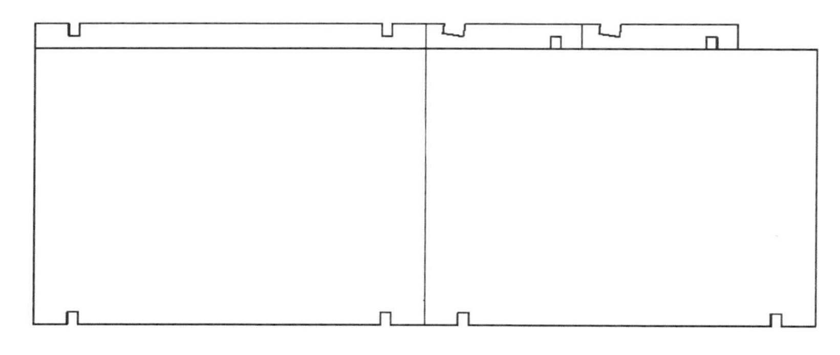

图 4-12 排版后图形

(2) 打开激光切割软件,点击“文件”→“导入”,将 dxf 格式文件导入,并进行处理。

对图形进行“曲线自动闭合”“合并相连线”“删除重线”等处理(见图 4-13)。为补偿激光光斑直径造成的切割损耗,可以使用“生成平行线”命令,沿零件轮廓进行内缩或外扩处理。本案例为保证凹槽之间的紧密配合,可根据激光光斑直径(约为 0.2 mm),选择外扩 0.1 mm。生成平行线对话框如图 4-14 所示。

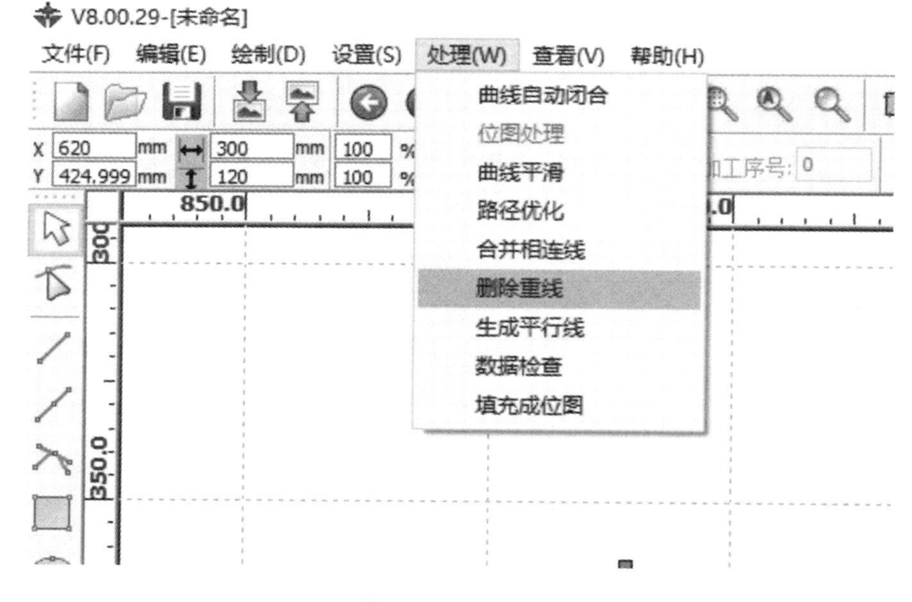

图 4-13 图形处理

(3) 对焦。在激光切割工作台上放好切割材料，根据材料厚度及激光切割机床生产厂家提供的激光头焦距参数调整激光头工作高度。

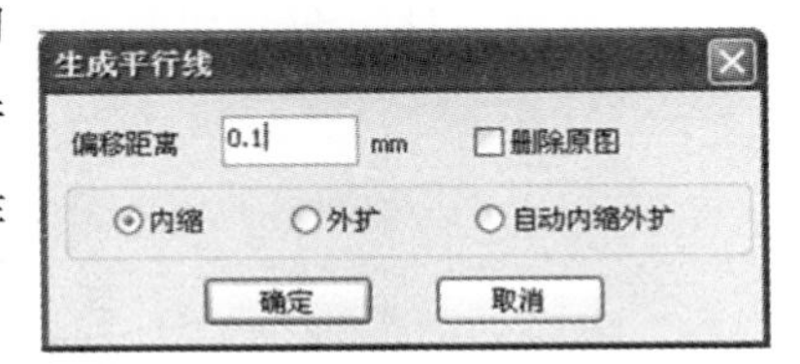

图 4-14　生成平行线对话框

(4) 检查激光切割机床状况。检查顺序：电源是否连接正确→开机→控制面板是否显示正常→激光头是否自动复位→冷却系统是否工作→空气压缩机是否工作→排烟系统是否启动等。

(5) 设置切割参数及传输切割文件。单击“控制栏”，加工模式选择“激光切割”，如图 4-15(a)所示，“速度”即激光头运动速度，根据板材厚度选择 10 mm/s，激光功率选择 95%。设定好加工参数后，单击“下载”，如图 4-15(b)所示，输入文档名，单击“确定”，计算机将切割文件通过与激光切割机床相连接的 USB 数据线传输到机床，等待出现“下载文件成功”，文件即成功传送。激光切割机床在关机状态或正在进行切割工作状态时，无法传输切割文件。

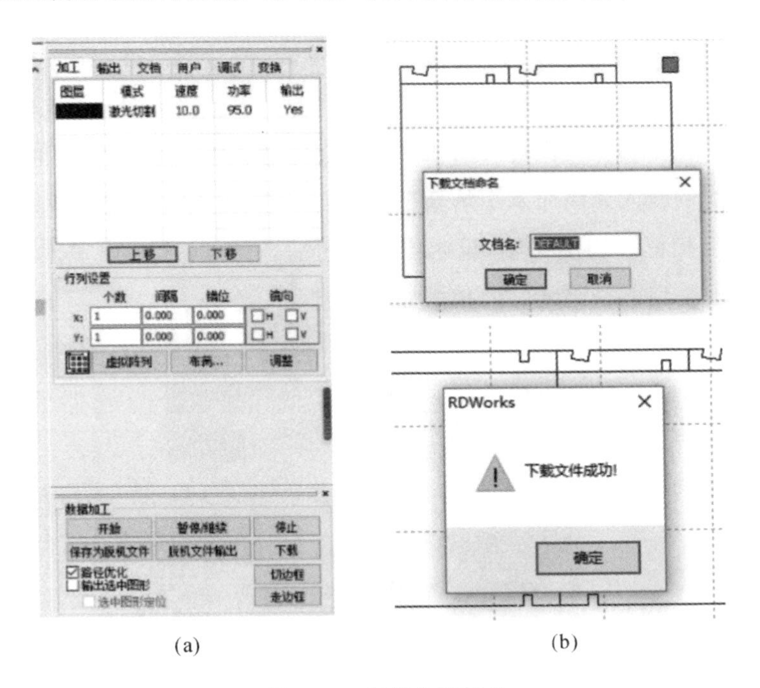

(a)　　　　(b)

图 4-15　切割参数菜单

(6)切割零件。激光切割机床控制面板如图 4-16 所示。

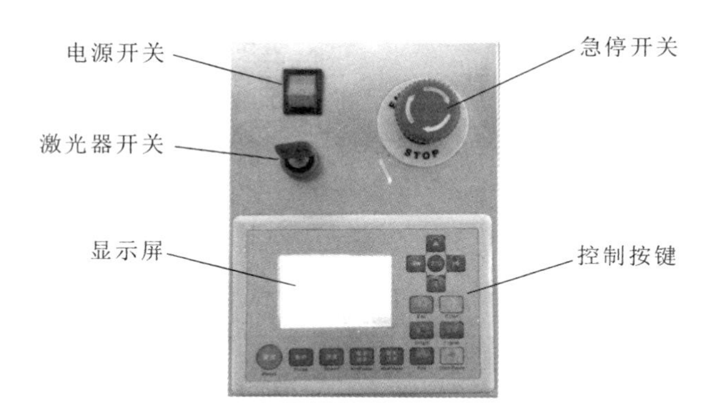

图 4-16　控制面板

按控制面板“文件”键,通过方位键选择需要切割的文件,按“确定”键;显示屏显示需要切割的文件图形预览;通过方位键将激光切割头移动到需要切割的材料上方,定好初始点,按“定位”键确认;按“边框”键,激光切割头在材料上方对所切割零件的加工范围进行加工,注意检查材料尺寸是否满足零件需求。检查“激光器开关”是否开启,关闭机床工作室盖板,按“开始”键,激光切割头开始切割零件。

注意:切割零件时,必须关闭机床工作室盖板,防止异物进入从而阻挡光路,或人体部位误入光路而发生灼伤事故。

(7)组装相框。切割完毕,机床停止运行后,打开机床工作室盖板,取出所加工零件,组装相框。组装好的相框如图 4-17 所示。

图 4-17　组装好的相框

5. 操作案例二(雕刻、切割印章)

(1) 使用绘图命令制作印章图形或导入已有印章图形(见图 4-18)。

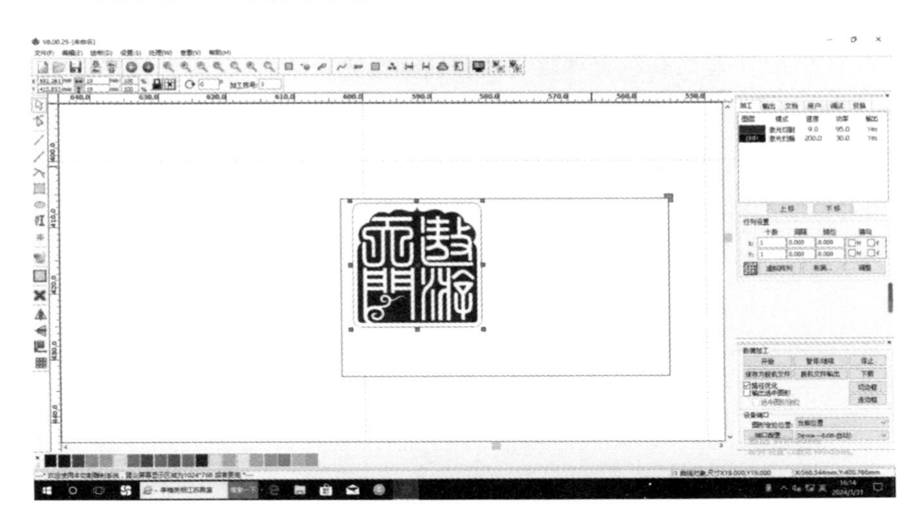

图 4-18　导入已有印章图形

注意:图形黑色部分为激光扫描去除部分,如需去除白色部分,则先选择印章图形,点击菜单命令“处理”→“位图处理”,打开图 4-19 所示的对话框。勾选对话框中的“反色”选项,点击“应用到预览”。

图 4-19　位图处理对话框

(2) 点击绘图命令"镜像"按钮,将印章图形水平镜像。

(3) 使用绘图命令绘制印章边框(注意绘制边框图层为切割图层)。

(4) 在"控制栏"正确设置雕刻、切割参数。

(5) 点击"下载",切割文件将会被传输到激光切割机床,激光切割机床进行雕刻、切割工作。

(6) 在激光切割机床完成雕刻、切割工作后,打开机床工作室盖板,取出工件,用毛刷清理雕刻过程中产生的材料粉尘,即可得到成品。

第5章 超声加工

超声加工也称超声波加工。超声加工不仅能对硬质合金、淬火钢等金属材料进行加工，而且能对非导体、半导体等硬脆材料进行加工，在清洗、焊接、探伤、测量等方面也得到应用。1927 年，美国物理学家伍德和卢米斯最早做了超声加工试验，利用强烈的超声振动对玻璃板进行雕刻和快速钻孔；1951 年，美国的科恩制成第一台实用的超声加工机；20 世纪 50 年代中期，日本、苏联将超声加工与电加工（如电火花加工和电解加工等）、切削加工结合起来，开辟了复合加工的领域。这种复合加工的方法能改善电加工或金属切削加工的条件，提高加工效率和质量。目前，超声加工表面粗糙度 Ra 小于 0.2 μm，可以加工直径 0.3 mm 的精密小孔。

5.1 超声加工的原理

超声加工是利用工具端面做超声频振动，通过工件和工具间的磨料液体介质或干磨料来抛磨、冲击工件的被加工部位，用其产生的气蚀作用来去除材料，以及利用超声振动使工件相互结合的加工方法。超声加工原理如图 5-1 所示。

加工时，工具 1 和工件 2 之间加入液体（水或煤油）与磨料混合的磨料悬浮液 3，使工具以很小的力 F 轻轻压在工件上。超声波发生器产生的超声频振动，通过换能器 6 转换成 1600 Hz 以上的超声频纵向振动，借助变幅杆把振幅放大到 0.05～0.10 mm，驱动工具端面做超声频振动，迫使磨料悬浮液中的磨粒以很大的速度和加速度不断地撞击、抛磨被加工表面，从而来加工工件材料。

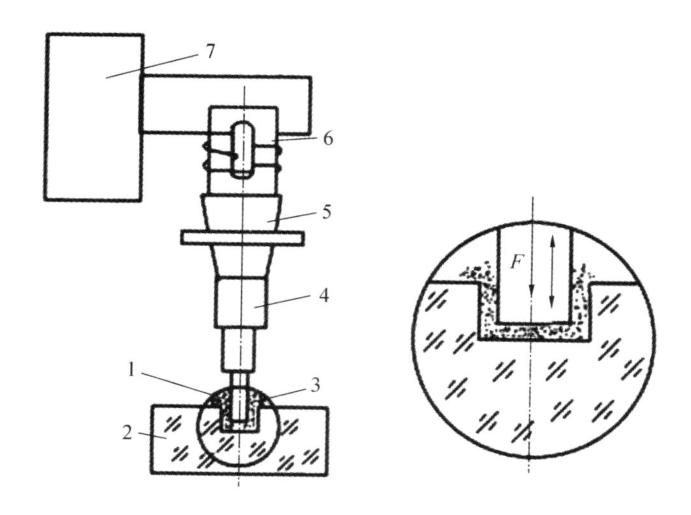

图 5-1 超声加工原理示意图

1—工具;2—工件;3—磨料悬浮液;4、5—变幅杆;6—换能器;7—超声波发生器

悬浮工作液受工具端面超声震动作用而产生的高频、交变的液压正负冲击波和"空化"作用,促使悬浮工作液钻入被加工材料的微裂缝处,加剧了机械破坏作用。悬浮工作液在加工材料的间隙中强迫循环,使变钝的磨粒及时得到更新。

超声加工是基于磨粒的局部撞击作用,因此,越是硬脆的材料越适合使用超声加工。

5.2 超声加工的特点

超声加工具有以下特点。

(1) 超声加工适合加工各种硬脆材料,特别适合加工玻璃、陶瓷、半导体锗、半导体硅、玛瑙、宝石和金刚石等非金属材料,对于导电的硬质金属材料如淬火钢也能进行加工,但生产率低。

(2) 工具材料较软,易做成较复杂的形状,因此不需要工具和工件做比较复杂的相对运动,超声加工机床的结构比较简单,只需要一个方向进给,操作、维修方便。

(3) 去除加工材料是靠极小磨料瞬时的局部撞击作用，故工件表面的宏观切削力很小，切削应力很小，切削热也很低，不会引起变形及烧伤，表面粗糙度也较好，Ra 可达 0.1～1.0 μm，加工精度可达 0.01～0.02 mm，而且可以加工薄壁、窄缝和低刚度零件。

(4) 超声加工的面积较小，而且工具头的磨损较大，因此生产率低。

5.3　超声加工工艺及应用

超声加工的生产率虽比电火花加工、电解加工等的生产率低，但与电火花加工、电解加工相比，其加工精度较高、表面粗糙度较低，即使是一些用电火花加工的淬硬钢、拉丝模、注塑模，也常采用超声波进行后续的光整加工。超声加工适合加工各种型孔和型腔，也可进行套料、切割、开槽和雕刻等。

1. 型孔、型腔成形加工

超声加工可加工各种硬脆材料的型孔（如圆孔、沟槽、异形孔等）、型腔、套料和微细孔等。其加工精度和工件表面质量优于电火花加工和电解加工。对半导体硬脆材料进行套料加工，更显示超声加工的特色。超声加工类型如图 5-2 所示。

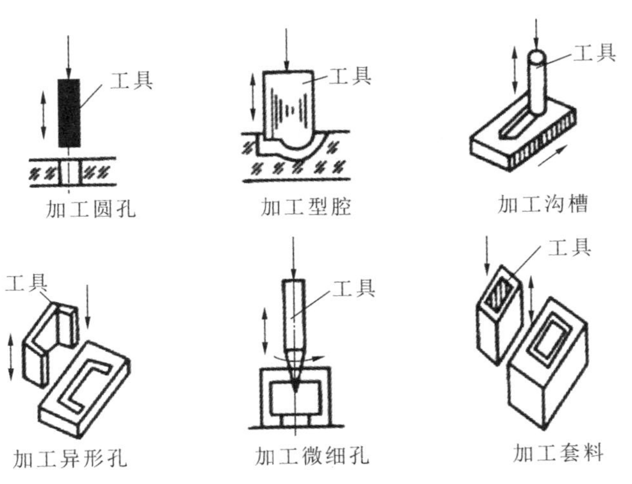

图 5-2　超声加工类型

超声打孔(包括圆孔、异形孔和弯曲孔等)主要用于各种硬脆材料(如玻璃、石英、陶瓷、半导体硅、半导体锗、铁氧体、宝石和玉器等)的打孔,超声打孔的孔径范围是0.1～90 mm,加工深度可达100 mm以上,孔的精度可达0.02～0.05 mm。在采用W40碳化硼磨料加工玻璃时,表面粗糙度可达0.63～1.25 μm;加工硬质合金时,表面粗糙度可达0.32～0.63 μm。

2. 切割加工

超声切割铁氧体、石英、宝石、陶瓷、金刚石等硬脆材料非常方便,而且具有切片薄、切口窄和经济性好的优点。例如,超声切割高7 mm、宽15～20 mm的锗晶片,可在3.5 min内切割出厚0.08 mm的薄片;利用超声可一次切割10～20片单晶硅片。再如,在陶瓷厚膜集成电路用的元件中,加工直径8 mm、厚0.6 mm的陶瓷片,1 min内可加工4片。

3. 焊接加工

利用超声可以对尼龙、塑料,以及表面易生成氧化膜的铝制品等进行焊接,还可在陶瓷等非金属表面挂锡、挂银、涂覆,熔化上新的金属薄层。超声焊接由于不需要外加热和焊剂,焊接热影响区很小,施加压力微小,故可焊接直径或厚度(0.015～0.03 mm)很小的不同金属材料,也可焊接塑料薄纤维及形状不规则的硬热塑料。目前,大规模集成电路引线连接等已广泛采用超声焊接。

4. 超声清洗

超声清洗是一种基于超声频振动,在液体中产生交变冲击波和空化效应,直接作用于被清洗部位上的污物,并使之脱落下来的清洗方法。超声清洗主要用于清洗几何形状复杂,清洗质量要求高的中型、小型精密零件,尤其是清洗这些零件的窄缝、细小深孔、弯孔、盲孔和沟槽等部位。超声清洗的清洗效果好、生产率高。目前,超声清洗应用于半导体和集成电路元件、仪表仪器零件、电真空器件、光学零件、精密机械零件、医疗器械、放射性污染等的清洗中。

参考文献

[1] 王志海,舒敬萍,马晋.机械制造工程实训及创新教育教程[M].北京:清华大学出版社,2018.

[2] 彭江英,周世权.工程训练——机械制造技术分册[M].武汉:华中科技大学出版社,2019.

[3] 童幸生,江明.项目导入式的工程训练[M].北京:机械工业出版社,2019.

[4] 郑启光,邵丹.激光加工工艺与设备[M].北京:机械工业出版社,2010.

[5] 张永康.激光加工技术[M].北京:化学工业出版社,2004.

[6] 曹凤国.激光加工[M].北京:化学工业出版社,2015.

[7] 肖海兵.先进激光加工技能实训[M].武汉:华中科技大学出版社,2019.